空中机器人控制系统原理与设计

——四旋翼无人机

黄　鹤　王会峰　黄　莺　编著
高　涛　谢飞宇　罗冰冰

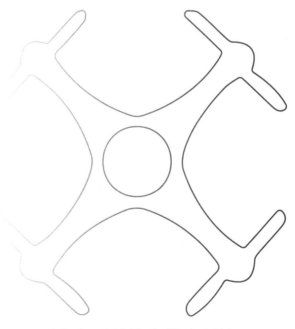

西安电子科技大学出版社

内 容 简 介

本书内容涵盖了空中机器人(四旋翼无人机)控制系统原理与基本概念，以及硬件系统、软件设计和发展趋势，反映了这一领域内的最新成果。全书共9章，可分为5个部分。第1部分(第1章)为空中机器人(四旋翼无人机)概述。第2部分(第2～3章)为四旋翼无人机的机体结构与飞行机理及硬件结构设计，包括机体结构、飞行控制原理和特点、飞行机理，以及各部分的硬件结构设计。第3部分(第4～5章)为四旋翼无人机的模型构建及传感器，包括坐标系描述和姿态描述、数学建模以及搭载的各种传感器介绍。第4部分(第6～7章)为四旋翼无人机的控制方法，包括传统控制和优化控制。第5部分(第8～9章)为四旋翼无人机的路径规划和多层多源无人机信息融合技术，包括 APF 算法、Dijkstra 算法、A* 算法、RRT 算法和 RRT* 算法，以及多传感器测高模型、信息融合无人机测高设计。

本书既可作为高等院校电子信息与自动化相关专业本科高年级学生和研究生的教材或参考书，也可作为从事无人机测量工作的广大科技人员的参考书。

图书在版编目(CIP)数据

空中机器人控制系统原理与设计：四旋翼无人机 / 黄鹤等编著. --西安：西安电子科技大学出版社，2024.3(2025.1重印)
ISBN 978 - 7 - 5606 - 7236 - 6

Ⅰ. ①空… Ⅱ. ①黄… Ⅲ. ①无人驾驶飞机 Ⅳ. ①V279

中国国家版本馆 CIP 数据核字(2024)第 053059 号

策　　划　刘玉芳
责任编辑　刘玉芳
出版发行　西安电子科技大学出版社(西安市太白南路 2 号)
电　　话　(029)88202421　88201467　　　邮　编　710071
网　　址　www.xduph.com　　　　　电子邮箱　xdupfxb001@163.com
经　　销　新华书店
印刷单位　西安日报社印务中心
版　　次　2024 年 3 月第 1 版　2025 年 1 月第 2 次印刷
开　　本　787 毫米×960 毫米　1/16　印张　14.5
字　　数　287 千字
定　　价　45.00 元
ISBN 978 - 7 - 5606 - 7236 - 6
XDUP 7538001 - 2
＊＊＊如有印装问题可调换＊＊＊

前　言

　　党的二十大报告指出，必须坚持科技是第一生产力、人才是第一资源、创新是第一动力。实现高质量发展，就要向科技创新要答案，这对科技工作者未来的工作提出了更高的要求。随着科技的不断进步，空中机器人(四旋翼无人机)作为一项重要的创新技术，应用越来越广泛，给我们的生活和工作带来了便捷、高效、安全、舒适和欢乐的体验。

　　空中机器人(四旋翼无人机)具有灵活、机动和稳定的优势，随着人工智能和计算机技术的进步与发展，其控制系统原理与设计的研究已经取得了极大的进步，成为与计算机科学、信息科学等多学科交叉且应用广泛的一门综合性学科。从日常生活到工农业生产，再到国防建设，四旋翼无人机的应用越来越多，包括航拍摄影、搜索和救援、农业植保、科学研究等。

　　目前，空中机器人(四旋翼无人机)相关领域的发展迅速，新的理论、新的技术不断推出。编者依据多年来从事本科生和研究生教学及相关科研工作的实践经验，在广泛征求了电子信息与自动化专业相关教师和高年级学生及工程技术人员意见的基础上撰写了本书。本书紧跟四旋翼无人机的最新理论和技术发展，从四旋翼无人机飞行原理及结构的基础知识出发，由浅入深，注重理论联系实践和激发学生兴趣，给出了大量的参考例程，意在全面提高学生对本门课程的理解。

　　本书论述严谨、内容新颖，注重基本原理和基本概念的阐述，强调理论联系实际，突出应用技术和实践。书中在系统介绍无人机架构的基础上，从实际应用角度出发，以四旋翼无人机为例，全面介绍了该领域内的最新技术。全书共9章。第1章是空中机器人(四旋翼无人机)概述，简要介绍了空中机器人的基础知识，着重介绍了四旋翼无人机的发展、特点及应用。第2章是四旋翼无人机的机体结构与飞行机理，从四旋翼无人机的机体结构、飞行控制和飞行机理三个方面，详细地介绍了四旋翼无人机的整体结构。第3章是四旋翼无人机的硬件结构设计，展开介绍了机架、电机、电子调速器、电源模块、螺旋桨、接收机、遥控器和飞行控制器这8个部分。第4章是四旋翼无人机的模型构建，着重介绍了四旋翼无人机的坐标系描述、姿态描述和数学建模3个部分。第5章是四旋翼无人机的传感器，从惯性测量单元、导航系统以及其他传感器模块出发，对四旋翼无人机搭载的各种传感器进行了详细的介绍。第 6 章是四旋翼无人机的传统控制，主要介绍了 PID 控制、LQR 控制以及自抗扰控制三种传统的控制方法。第 7 章是四旋翼无人机的优化控制，重点介绍了一种滑模-CMAC 联合控制方法。第 8 章是四旋翼无人机的路径规划，介绍了 APF 算法、Dijkstra 算法、A* 算法、RRT 算法和 RRT* 算法等多种四旋翼无人机路径规划方法。第 9 章是多层多源无人机信息融合技术，介绍了信息融合技术以及基于二步延迟自适应时空融合的融合算法和基于参数辨识的自适应互补滤波算法。以上 9 章均给出了大量的例程并附有习题，便于读者参考和学习。

本书第 1～2 章和第 6～7 章由黄鹤和王会峰编写，第 3～5 章由黄莺和高涛编写，第 8～9 章由罗冰冰和谢飞宇编写。全书由黄鹤教授统稿。

在编写本书的过程中，我们得到了长安大学电子与控制工程学院、数据科学与人工智能研究院以及空军工程大学装备管理与无人机工程学院的支持和帮助，研究生高永博、贾睿、胡凯益参与了内容整理、程序调试和插图的绘制工作，在此深表谢意。同时，我们对编写本书时所参考书籍和论文的作者也一并表示诚挚的感谢。

本书的完成获得了中国交通教育研究会交通教育科学研究课题(JT2022YB136)、长安大学研究生教育教学改革项目(300103131016)、中央高校基本科研业务费专项资金重点科研平台建设计划水平提升项目(300102323501)和西安市智慧高速公路信息融合与控制重点实验室(长安大学)开放基金项目(300102323502)的资助。

鉴于空中机器人技术发展迅速，加之编者水平和时间有限，书中难免存在疏漏和不妥之处，恳请同行专家和读者批评指正。

编　者
2024 年 1 月

目　录

1

3

第1章　空中机器人(四旋翼无人机)概述

1.1　引　言

　　机器人是 20 世纪中叶迅速发展起来的高新技术密集型机电一体化产品,目前已经得到了广泛应用,并开始从传统的工业领域,向军事、公安、医疗、服务等领域渗透。与此同时,机器人所涵盖的内容愈发丰富,机器人技术也得到了广泛发展。机器人的发展大致经历了以下三个时期:

　　第一代机器人为可编程示教再现型机器人。其特征是机器人能够按照事先设置的程序进行重复工作,在工作过程中,机器人无法通过感知环境的变化来改善自身的性能。

　　第二代机器人(研究始于 20 世纪 70 年代)为感觉型机器人。这种机器人配备了简单的内外部传感器,具有一定的感觉功能和自适应的离线编程能力,其特征是可以根据作业对象的状况改变作业内容。

　　第三代机器人(研究始于 20 世纪 80 年代中期以后)为智能型机器人。这种机器人带有多种传感器,能够将多种传感器得到的信息进行融合,能够有效地适应变化的环境,具有很强的自适应能力、学习能力和自治功能。

　　一般来说,机器人可以分为制造环境下的工业机器人和非制造环境下的服务与仿人型机器人两类。中国的机器人专家从应用环境出发,将机器人也分为两大类,即工业机器人和特种机器人。

　　工业机器人是指面向工业领域的多关节机械手或多自由度机器人,通常配备有机械手等可装配的加工工具,可以模拟人的手、臂的部分动作,按照预定的程序、轨迹及其他要求,实现抓取、搬运工件或加工制造等任务。

　　特种机器人则是除工业机器外的、用于非制造业并服务于人类的各种先进机器人。这种机器人可以在非结构环境下代替人从事繁重和危险的工作,其具有运动性能高、防护性能强、智能化程度高、可靠性强等特点。在特种机器人中,有些分支发展得很快,有独立成体系的趋势，其典型代表就是空中机器人。

近几年，机器人技术正向智能化、模块化和系统化的方向发展，各式各样的智能型机器人逐步进入各个领域，并发挥着越来越重要的作用。同时，机器人所具有的优势也受到各国普遍关注和重视，机器人日益成为各个国家的战略必争装备和核心技术。

 ## 1.2　空中机器人概述

1.2.1　空中机器人的定义

空中机器人的概念最早由佐治亚理工大学的 Robert C. Michelson 提出，指的是由各种搭载了全球导航卫星系统(Global Navigation Satellite System，GNSS)的机载导航设备、视觉识别设备及无线通信设备组成的，能够实现无人自主飞行、完成目标探测及定位跟踪等任务的飞行器，包括固定翼飞行器、旋翼飞行器等。空中机器人对应的研究实际上开展得远比这个术语的诞生要早，在早期的航空活动中，由于其本身较高的危险性，工程师开始思考将无人飞行平台用于执行任务的可能性。1896 年首次实现动力飞行，首次符合此精确定义的是 Hewitt-Sperry 自动飞机，它通过携带爆炸物在战争中攻击敌方目标。至此，这类无人飞行器依然是非智能的，其自动化程度仅限于维持自身在空中的巡航飞行。

空中机器人拓展了无人机的概念，可以将其看作是无人机的别称，它代表了未来微型飞行器的发展趋势，是一种智能的微型飞行器。典型的空中机器人应该由空中飞行系统和地面站系统组成。其中，空中飞行系统分为飞行平台、飞行控制系统和任务系统；地面站系统分为图像识别和地面监控，空中和地面通过数据链进行通信。空中机器人系统架构如图1-1所示。

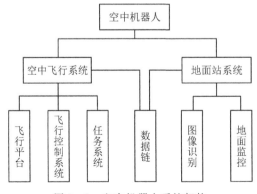

图 1-1　空中机器人系统架构

1.2.2　空中机器人的分类

1. 按构造分类

按构造不同,空中机器人可分为以下几类。

(1)固定翼型:具有类似于传统飞机的机翼和机身的设计,具有长时间飞行的能力,载重量也比较大,通常需要较长的跑道进行起飞和着陆。

(2)旋翼型:包括单旋翼、双旋翼、四旋翼等,具有垂直起降的能力,续航时间有限,但通常不需要跑道。

(3)混合型:结合固定翼和旋翼的优点,具有垂直起降和长时间飞行的能力。

(4)其他特殊构造型:如翼间电力传输型、光伏无人机等。

2. 按飞行方式分类

按飞行方式不同,空中机器人可分为以下几类。

(1)自主式:通过预设路线、航点等进行飞行,可以完成自主控制和导航。

(2)遥控式:由地面操作员通过遥控器或计算机完成飞行控制。

(3)混合式:自主式和遥控式两种方式的结合。

3. 按飞行任务分类

按飞行任务不同,空中机器人可分为以下几类。

(1)持久型:飞行高度更高、续航时间更长、载重量也更大。

(2)战术型:巡航的飞行高度较低,对它的控制一般在视距范围内进行。

(3)微型:体积小、重量轻、可以随身携带。利用超视距链路可对 10 km 外的微型飞行器进行控制。

空中机器人的研究大部分围绕着微型飞行器进行,因为微型飞行器造价更低、体积更小、重量更轻、飞行相对灵活,能适应复杂多变的环境。

1.2.3　空中机器人的应用

进入 21 世纪后,空中机器人技术趋于成熟,性能日益完善,逐步向小型化、智能化、隐身化方向发展。

目前,空中机器人的用途也进一步扩大,在灾害监测、农业、通信、气象等方面都有广泛的应用,同时与空中机器人相关的测控、传输、雷达等领域也处于飞速发展的阶段。无人平台与有人平台相比,不仅在设计和应用上有着不可比拟的优点,而且在制造和维护成本上也有明显的优势,同时完成任务的效率和可靠性更高。空中机器人主要应用在以下领域中。

1. 遥感遥测

空中机器人在遥感遥测应用中具有探测范围广、采集数据快，能动态反映地面事物的变化以及获取的数据具有综合性等特点。该功能可以通过电磁光谱传感器、伽马射线传感器、生物传感器或化学传感器来实现。

2. 监控监测

空中机器人的控制成本较低，这使得大范围的空中监控监测成为可能。空中监控监测可以应用在火灾监控、道路巡逻等场景中。近年来空中机器人在商业化空中监控领域的应用也越来越广泛。

3. 科学研究

空中机器人因其独有的特性可以完成人工无法完成的危险和复杂任务。比如对地震的研究中，常常需要得到地震范围、震源等级等信息，这时空中机器人就是一个绝佳的研究平台。

4. 搜索和救援

空中机器人在搜索和救援领域也起着非常重要的作用。在地震、海啸、核事故等灾害中，地面救援速度较慢，搜救人员很难在第一时间到达现场，并且事故现场一般非常危险，同时地面交通一般也都会被破坏，这样就给地面救援带来了很多困难。此时，空中机器人的救援就显得十分重要。

在国民经济和科学探索中，空中机器人发挥着越来越重要的作用。随着对导航、感知、融合等诸多算法的广泛研究，空中机器人自主决策的研究基础已经得到不断完善。近些年来，通过机器学习来控制机器人系统成为非常热门的研究领域。随着技术的不断进步，未来空中机器人的应用将会更加广泛。

 # 1.3　四旋翼无人机概述

1.3.1　多旋翼无人机的研究与发展

在科学技术迅猛更迭的年代，微电子和传感器技术迎来了爆发式发展，多旋翼无人机的控制有良好的改进前景，无人机的研究热点顺势转移到了旋翼无人机的方向上，其中又以四旋翼无人机最为典型。如今，四旋翼无人机广泛应用在民用领域，它的飞行动力来自四个电机和螺旋桨，可以完成垂直起降和全向飞行，机动性很好，较其他飞行器来说更智能和灵活,能够适应城市中的复杂环境。

多旋翼无人机在历史上发展时间较长,主要有以下几个阶段。

1. 初期阶段

1907 年,Brèguet 兄弟在 Charles Richet 教授的指导下制造出第一架多旋翼飞行器,该飞行器的操作方式是操作手直接控制四个螺旋桨的转速,受限于人类的反应能力,试飞结果并不理想。十多年后,George de Bothezat 研发出新一代更加完善的四旋翼直升机,由于其机械结构过于复杂且操作困难而被迫终止。1924 年,Oemichen 设计的四旋翼飞行器,飞行距离超过了 1000 m,但其并没有进入真正意义上的实用阶段。

2. 技术提升阶段

2000 年至 2010 年间,多旋翼无人机的控制技术和传感器技术得到了显著提高。随着智能便携设备的普及,多旋翼无人机开始使用便携式设备进行远程控制和数据传输,同时搭载 GNSS、惯性导航系统、摄像头等,使其能完成自主导航、自动避障和执行所需任务。

进入 21 世纪后,小型多旋翼无人机中的关键功能得到飞速发展:飞行控制器在功耗降低的同时处理能力越来越强;得益于微机电系统(Micro-Electro Mechanical System,MEMS)技术的快速发展,捷联惯导系统传感器的体积越来越小,制造成本也越来越低,并且精度得到不断提升;电池技术也在提高,消费级锂电池能量密度加大的同时放电倍率也在变大;另外随着直流驱动电机技术的快速发展,转速高、体积小、扭矩大的直流驱动电机进入市场,使用锂电池驱动大功率、高扭矩、直流驱动的电机成为可能。这些技术的发展推动了小型多旋翼无人机以直流电机作为核心动力进入一个新的发展阶段。

2004 年,联邦理工学院开发了一款微小型四旋翼无人机 OS4,它能应用自主飞行控制算法完成室内外飞行,且成功应用了 PID 控制、反步控制、滑模控制等多种控制算法。2006 年,OS4 II 室内基于惯导的自主悬停控制实验获得成功。

3. 民事应用阶段

2010 年至今,多旋翼无人机开始广泛应用于农业、测绘、建筑、航拍和救援等领域。随着研究的深入,它的体积越来越小,重量也越来越轻,使用寿命和稳定性不断得到提高。此外,人工智能技术的应用也使多旋翼无人机的智能化程度更高,例如可实现自主飞行、目标识别和智能救援等。

我国多旋翼无人机的研究起步较晚,但发展迅速。近些年,各高校对无人机展开了广泛研究,同时,众多无人机高新技术企业蓬勃发展,如大疆创新、亿航智能等,他们也不断开发多旋翼无人机系列的相关产品。这些产品在空中航拍、道路安全、环境保护、设备维护等方面均实现了有效应用,进一步促进了多旋翼无人机相关控制技术的发展。

未来，多旋翼无人机将继续蓬勃发展，人工智能技术也将不断应用于多机协同、自主决策和智能物流等领域。同时，无人机的载荷和使用寿命也将进一步得到提高，从而逐渐扩大其应用范围。

1.3.2　四旋翼无人机的控制技术

与地面机器人不同，无人机的首要任务是维持自身在空中的稳定，因此，飞行控制算法是无人机设计的基础。四旋翼飞行平台的建模机理较固定翼和直升机更简单，但欠驱动系统的本质使其需要精心设计的飞行控制算法以保证无人机的飞行精度和稳定性。此外，四旋翼无人机的飞行控制技术经过十余年的发展已经得到了充分的研究和验证，当前研究的热点是多旋翼平台携带执行机构(如机械臂等)的控制策略设计以及将多旋翼飞行平台的大姿态机动飞行作为验证控制和轨迹算法的手段。

当前四旋翼无人机控制技术主要分为三种：线性控制、非线性控制和智能控制。

1. 线性控制

常用的线性控制主要包括比例积分微分(Proportional Integral Derivative，PID)控制和线性二次型调节器(Linear Quadratic Regulator，LQR)控制。

1) PID 控制

PID 控制是目前在控制系统中应用最广泛的控制方法之一，由比例、积分和微分三个部分组成。为了得到更好的控制性能，仅需设置这三个部分的参数，因此其具有结构简单、适应性强的特点。PID 控制的稳定性较强且易于实现，因而得到广泛应用。在传统四旋翼无人机飞行控制系统中，采用串级 PID 控制算法，将控制分解为外环位置控制和内环姿态控制两个部分。一个完整的四旋翼无人机飞行控制系统至少包含了六个 PID 控制器，控制器的设计相对简单，易于实现。通常使用 PID 控制算法在四旋翼无人机中完成姿态控制，即控制其翻滚、俯仰和偏航，并可以通过调整 PID 参数来实现不同的控制效果。

2) LQR 控制

LQR 是一种较优的控制方法，通过寻找较小的控制量保证状态误差较小，以获得较佳的控制效果。LQR 方法主要应用于线性控制系统中，以状态空间的形式来描述被控对象的数学模型，其目标函数为状态变量和控制输入构成的二次型函数。该方法具有易于实现、稳态误差小和抗干扰性强的特点，能够适用于飞行系统的控制。在四旋翼无人机飞行控制系统中，LQR 能够用于设计稳定的飞行控制器，并由此实现四旋翼无人机的姿态控制和自主飞行，进而提高飞行的稳定性和飞行效率。LQR 使用线性模型来描述四旋翼无人机的动态行为，并计算出一个优化控制方法，使四旋翼无人机以较优的状态(如位置、速度、姿态等)达到目标。

2. 非线性控制

常用的非线性控制主要包括反步控制、自抗扰控制、模型预测控制和滑模控制等。

1) 反步控制

反步(Backstepping)控制的主要思想是将复杂且多变量的控制系统分层,每一层都是一个设计较为简单且计算量较小的控制系统,将每一层控制系统的输出作为下一层控制系统的输入,并设置虚拟变量作为中间量,把每一层的控制系统串联起来,就可以得到最终完整的控制器结构。反步控制可以达到更好的控制性能和更强的鲁棒性,尤其适用于不确定性和复杂性系统。反步控制可以用于控制无人机的姿态和位置。例如,在控制无人机的姿态时,反步控制器可以根据无人机的当前姿态和期望姿态来计算所需的控制输入,使无人机保持期望姿态;在控制无人机的位置时,反步控制器可以根据无人机的当前位置和期望位置来计算所需的控制输入,使无人机移动至期望位置。

2) 自抗扰控制

自抗扰控制(Active Disturbance Rejection Control,ADRC)是基于 PID 控制发展而来的一种改进型控制方法,它是一种复合控制方法,通过增加状态观测模块来提高系统的鲁棒性,同时不依赖于被控系统模型的精度。自抗扰控制是一种基于误差反馈的控制方法,这种控制器由跟踪微分器、非线性状态误差反馈和扩张状态观测器三个部分组成。自抗扰控制可以在不需要精确建模的情况下,对系统中的扰动进行实时估计和补偿,从而提高控制系统的鲁棒性和抗干扰性能。在四旋翼无人机中,自抗扰控制可以用于控制无人机的姿态、位置和速度等参数,从而达到更精确、更稳定的控制效果。

3) 模型预测控制

模型预测控制(Model Predictive Control,MPC)是根据被控对象系统中已有的状态量和预测输出量对被控对象未来的状态量进行预测,从而实现系统的最优控制。在四旋翼无人机中,模型预测控制可以用来实现飞行轨迹跟踪、避障、风扰动补偿等控制任务。它的主要优点在于可以处理多种复杂的约束条件,例如电池电量、安全距离等,同时可以优化多个性能指标,如最小化能耗、最大化控制精度等。这使得模型预测控制技术在四旋翼无人机中可以灵活地进行控制和规划,从而实现更高效、更可靠的飞行模式。此外,模型预测控制还可以通过预测未来状态来消除延迟,提高飞行控制的响应速度。这对于需要高速响应的四旋翼无人机任务尤为重要,如自主着陆、快速避障等。

4) 滑模控制

滑模控制(Sliding Mode Control,SMC)又叫滑模变结构控制,具有开关特性,是常用的非线性控制方法之一,在控制过程中表现出不连续的特征。由于其具有鲁棒性强、响应速度快、对不确定性和扰动敏感度低等优势，被广泛应用于对实际系统的控制。在四旋翼无人机的飞行控制系统中，滑模控制主要应用于姿态控制和高度控制等方面。在有干扰和不确定性的影响下，滑模控制可以通过引入一个滑模面来保持四旋翼无人机的高度稳定性和姿态精确。此外，滑模控制还可以增强系统的鲁棒性，提高四旋翼无人机的稳定性和抗干扰性能。

3. 智能控制

常见的智能控制主要包括模糊控制和神经网络控制。

1）模糊控制

模糊控制(Fuzzy Control, FC)是基于专家的理论知识和现场操作的经验，并通过计算机将这些知识与经验付诸实践的控制。其中知识和经验大多是通过语言的形式来表达的，具有模糊性的控制规则，所以无须知晓被控系统的数学模型。近年来，模糊控制与自适应算法、神经网络控制、滑模控制、反步控制等结合的复合控制方法已经得到深入研究，通过综合不同控制算法的优势，能够提高四旋翼无人机的控制性能。在四旋翼无人机的应用中，使用模糊控制可以提高飞行稳定性和控制精确度。模糊控制可以在飞行过程中自动调整无人机的姿态和位置，以适应不同的气流、气压和温度等环境因素。同时，模糊控制还可以使无人机更加灵活地完成各种任务，如避障、定点悬停等。

2）神经网络控制

神经网络控制(Neural Network Control, NNC)是基于生物神经元系统，研究其信息传递的规律，进而模拟人脑思维的控制，其具有很强的非线性函数逼近能力。它的基本原理是先用神经网络替代控制框架中的控制器，利用状态信息计算神经网络的输入信号，然后通过期望输出信号与实际输出信号的差值不断更新网络权重值，最终使输出信号达到理想状态。神经网络可以在控制系统中作为数学模型或控制器，也可以进行优化计算等。由于神经网络具备自学习能力、联想存储功能、强逼近能力以及在线快速寻优等优点，能够适用于对复杂非线性系统的控制，因此在四旋翼无人机的控制中，神经网络被广泛应用于姿态控制、导航控制、路径规划等方面。

1.3.3 四旋翼无人机的特点

与固定翼无人机和单旋翼无人机相比，四旋翼无人机有如下优势。

（1）机动性强。四旋翼无人机可控性强，每个旋翼都由一个电机驱动，通过螺旋桨的高速转动产生升力，驱动无人机在空中飞行，使其实现定点悬停、低速飞行及定点旋转等。四旋翼无人机能够在狭小的空间中飞行，产生的噪声也比较小，并且隐蔽性很强。

（2）安全性强。由于四旋翼无人机结构和动力设计的优势以及无人机本身的起飞重量较轻，有效降低了每个旋翼的转速，并且每个旋翼都有桨叶保护等防护措施，因此无人机对用户及周边环境的破坏性极低。

（3）能源利用率高。四旋翼无人机各部件直接采用电能供电，比油动型的单旋翼及固定翼的能源利用率要高很多。采用电能为四旋翼无人机提供动力，可以多次循环使用，更节能环保。

当然，四旋翼无人机也存在如下不足之处。

（1）有效载荷小。四旋翼无人机设计的尺寸较小，且本身为固定桨距设计，这导致它的载荷能力相对较小，无法承载较重的大型设备。

（2）续航时间短。四旋翼无人机的载荷量小，无法搭载较大容量的电池，在现阶段电池技术的限制下，四旋翼无人机的续航时间一般在 20～40 min。

（3）飞行速度受限。四旋翼无人机由于其独特的结构，受到空气动力学限制，其最大飞行速度通常在 50～80 km/h。

（4）精确建模困难。在飞行过程中，四旋翼无人机同时受到多种物理效应(如重力、陀螺效应等)的影响，还容易受气流等外部环境的干扰，因此，难以建立有效、可靠的动力学模型。

1.3.4　四旋翼无人机的应用

基于小型、轻便、可携带的特点，四旋翼无人机具有稳定的飞行特性和良好的机动性能，广泛应用于以下领域。

1. 在农业生产中的应用

在农田信息监测中，无人机可以搭载高清相机和多光谱相机等设备在农田间进行巡查和监测，以便及时发现农作物病虫害和缺水情况等问题，为农民提供有价值的数据支持。另外，四旋翼无人机可以搭载农药喷洒设备对农作物进行精准喷洒，避免传统农药喷洒方式带来的人员伤害和环境污染问题；四旋翼无人机还可以搭载肥料喷洒设备，对农田进行精准施肥，避免传统农田施肥方式造成的资源浪费和环境污染问题。四旋翼无人机可以作为一种新型的农产品运输设备，在短时间内将农产品从农田运送到市场，有效缩短了产品的流通时间，减少了运输成本。

2. 在精细化巡检中的应用

传统巡查线路的方法通常会受阻于地形或未知环境的影响，达不到预期效果。而无人机体积小、成本低、精度高，可以搭载高清相机或红外线热成像相机等设备，对电力线路、变电站、电缆等设施进行快速、精准的巡检和故障诊断，解决了传统巡检方式易造成人员伤害和工作效率低下的问题，大大缩短了作业时间和成本，同时更好地保障了人员安全，降低了风险。

四旋翼无人机可以搭载激光雷达等设备,对铁道线路、桥梁、隧道等设施进行精细化巡检,帮助铁路部门及时发现和排除安全隐患。无人机还可以应用于对风力涡轮的定期检查。风力发电机通常安置在当地稍偏远的地方,且风机分布相对分散,无人机可代替人工巡检,近距离观察叶片、塔筒等风机部件的表面状态。在石油化工巡检中,可以借助四旋翼无人机搭载的气体检测仪、温度计等设备,实现对石油化工设施的精细化巡检,及时发现泄漏、温度异常等问题,避免了安全事故的发生。与此同时,无人机也能够方便地测量大面积地形地貌,为传统的城市测绘提供了强有力的补充,为专业桥梁监测装置提供了更好的解决方案。

3. 在国防、社会安全中的应用

在国防军事中,无人机能起到监察监视的作用。四旋翼无人机可以搭载红外线热成像设备等,在边境地区完成巡查,帮助军队及时发现非法越境、毒品走私等问题,维护国家安全。随着互联网、大数据和人工智能技术的发展,四旋翼无人机将会更好地为国防服务,实现精准打击,避免传统战争导致的严重人员伤亡情况。在社会安全中,四旋翼无人机可以搭载激光雷达等设备,对重要场所(如大型商场、银行等)进行监控,及时发现可疑人员和异常情况,提高社会安全防范能力,并且其在旅游景点检查、大型活动安保等方面的应用也十分广泛。

由于四旋翼无人机具有灵活性高、飞行空间小、隐蔽性强以及安全性能高等优势,其在军用和民用方面都有无限的应用前景。为了进一步提高其性能,不仅需要对四旋翼无人机的数学模型和控制算法进行优化,还需要改进其硬件平台。因此,对四旋翼无人机的研究和相关学科技术的发展,引起了越来越多研究人员的关注。

本 章 小 结

本章先通过机器人概述引出空中机器人的概念,详细介绍了其定义、分类和应用领域;然后重点介绍了空中机器人中的四旋翼无人机,梳理了四旋翼无人机的研究与发展,总结了其控制算法,与其他无人飞行器对比说明了四旋翼无人机的特点和优势,并简述了其应用。

习 题

1. 机器人通常可以分为哪几类?

2. 请简述空中机器人的分类方式。

3. 空中机器人的控制系统由哪几部分组成？各部分分别起什么作用？

4. 请概括空中机器人可以应用的领域。

5. 查阅资料，拓展空中机器人的应用方向。

6. 四旋翼无人机经历了怎样的发展过程？

7. 四旋翼无人机的控制算法有哪几种？其各自的特点是什么？

8. 对比不同的控制技术，结合四旋翼无人机的应用场景，说说每种技术更适合用于四旋翼无人机的哪种领域。

9. 结合四旋翼无人机的特点，简述相比固定翼和单旋翼，四旋翼无人机有哪些优势。

10. 四旋翼无人机的应用领域有哪些？

11. 查阅相关资料，拓展四旋翼无人机的应用。

第2章 四旋翼无人机的机体结构与飞行机理

2.1 引　言

固定翼飞行器和旋翼飞行器的结构有所不同。固定翼飞行器是一种利用自身固定机翼和动力系统来提供升力并通过滑行完成起降和飞行的飞行器；而旋翼飞行器是一种能够垂直起降的飞行器，其机身上装有高速旋转的旋翼，通过控制旋翼的旋转来产生升力，也可以通过调节转速来控制飞行方向。旋翼飞行器根据旋转机翼的数量又可以分为单旋翼、双旋翼、四旋翼、六旋翼等。单旋翼飞行器采用一个旋转机翼和一个尾旋翼来实现稳定飞行，靠调节旋翼间的桨矩角来实现转向，还需要一个旋翼配平系统来保持平衡；而四旋翼飞行器靠两对旋转方向相反的旋翼去消除每个旋翼产生的反桨矩以保持稳定，并通过调节四个电机的转速使每个旋翼产生不同的升力，即可实现飞行器的姿态控制，从而实现悬停、上升下降、左右偏航、翻滚、前进后退等飞行动作。与单旋翼相比，四旋翼极大地简化了控制方式和控制部件，减轻了飞行器的重量，具有简单、稳定、易控制等优点，广泛应用于拍摄、测绘、搜救、巡逻等领域。

由于早期技术水平的限制，无法实现旋翼飞行器的自主控制、垂直起降等复杂功能，因此旋翼飞行器发展较为缓慢。近年来，随着计算机、传感器、通信和材料科学等技术的迅速发展，旋翼飞行器的性能大幅提升。例如，采用先进材料可以降低机身重量，提高飞行器的机动性和续航能力；采用高精度的传感器可以提高飞行器的导航和遥感能力；采用先进控制算法可以提高飞行器的飞行稳定性和自主性。于是，旋翼飞行器再次进入人们的视野，相关理论的研究大量涌现。四旋翼无人机作为旋翼飞行器的一种，目前已经成为飞行器研究领域中的热门之一，受到国内外的广泛关注。

2.2　四旋翼无人机的机体结构

2.2.1　四旋翼无人机的基本结构

四旋翼无人机的旋翼对称分布在机体的前、后、左、右四个方向，四个旋翼处于同一高度平面，且四个旋翼的结构和半径都相同。四个电机对称地安装在四旋翼无人机的支架端，如图 2-1 所示；支架中间空间安放飞行控制器和外部设备，如图 2-2 所示。

图 2-1　安装电机后的支架　　　　图 2-2　安放飞行控制器和外部设备后的支架

四旋翼无人机的结构形式有十字形结构和 X 形结构两种，如图 2-3 所示。十字形结构的四个电机分别位于四旋翼无人机的四个支架端，形成十字形，此时四旋翼无人机的前进

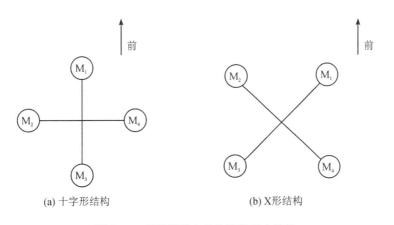

(a) 十字形结构　　　　　　　　　　　(b) X形结构

图 2-3　四旋翼无人机的两种基本结构

方向与其中一个电机的转动方向一致；X 形结构的四个电机位于四旋翼无人机的两条对角线上，形成 X 形，四旋翼无人机的前进方向位于其中两个电机的中间。因此，如果把四旋翼无人机比作正方形，而四个电机分别为正方形的四个角，那么十字形结构以正方形中的一个角为机头，X 形结构则以正方形中的一个面为机头。

十字形四旋翼无人机结构简单，容易维护和更换电机，虽然无法实现向前飞行时的高速运动，但在悬停和垂直上升时比较稳定，适合新手(包括新的无人机操控人员和自行设计的新手)。在设计过程中，因为能明确头尾，飞行控制器做起来也相对容易一些。X 形四旋翼无人机在向前飞行时速度更快，动作更灵活，由于两条对角线上的电机在旋转方向上是相同的，因此调整四个电机的转速和角度相对容易一些，通常需要 4 个电机同时调整，这样调整的扭力更大，可以使四旋翼无人机更加快速，适合特技和竞速飞行。

四旋翼无人机在机体结构上主要有以下特点：

(1) 四个旋翼可以产生更大的升力。相比于直升机的单翼来说，四个旋翼产生的升力更大，使四旋翼无人机的负载能力有较大的提高。虽然多旋翼无人机的负载能力会更强，但是旋翼增多会造成控制系统更加复杂。综合考虑，四旋翼无人机的结构非常恰当，控制系统的设计更加简单，也更容易实现自动飞行。

(2) 四旋翼无人机具有非常对称的结构。四旋翼无人机在上下运动和其他方向的运动之间不存在耦合，在理想情况下，横滚运动与前后运动之间也没有耦合。同时，四旋翼无人机的重心和姿态控制点保持在中心位置，这提高了四旋翼无人机的稳定性。另外，四个旋翼在对称的位置上，可以平衡彼此之间的反扭力，使得四旋翼无人机更加稳定。当一个旋翼出现问题时，其他旋翼可以继续工作，从而保证四旋翼无人机的稳定性，极大地方便了系统的设计和分析。

(3) 四旋翼无人机可以通过控制四个旋翼各自的旋转速度来实现姿态控制。四旋翼无人机的结构设计允许通过控制四个旋翼各自的旋转速度来实现垂直飞行、前后飞行、侧向飞行和水平转动四种运动。这种设计还允许四旋翼无人机快速调整姿态，以适应不同的任务需求。

2.2.2 四旋翼无人机的基本组成

图 2-4 展示了四旋翼无人机的基本组成。四旋翼无人机包括旋翼部分、飞行控制计算机部分和机身(支架)部分，各部分的功能如下。

1. 旋翼部分

旋翼部分是整个四旋翼无人机的动力所在，固定安装在四旋翼无人机四个轴的尾端，此部分通常包括正旋翼、反旋翼、电机以及一些固定组件。四旋翼无人机的两个横梁呈正交形结构连接，横梁末端装有相同规格的电机。每个电机上装有固定螺距的旋翼，旋翼相

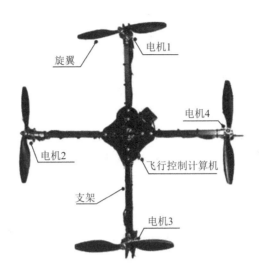

图 2 - 4　四旋翼无人机的基本组成

互之间的转动轴线是平行的,对角的两个电机按同一方向旋转,相邻的电机旋转方向相反,借此抵消旋翼旋转时四旋翼无人机受到的空气反扭矩,使得飞行更加稳定。

在四旋翼无人机的结构中,电机的分布是非常重要的,它决定了四旋翼无人机的稳定性和飞行特性。通常情况下,四旋翼无人机的电机分布为对称型,即四个电机分别安装在机架的四个臂端,形成了一个平面内的四边形,这种结构又称为"X 形结构"。电机是四旋翼无人机的核心动力部件,负责驱动旋翼旋转以产生升力。在飞行过程中,四旋翼无人机往往受到风力、重心偏移等干扰,会出现姿态偏移,此时,飞行控制系统会通过控制电机的转速来平衡四旋翼无人机的姿态,保证其稳定飞行。常见的电机有无刷电机和有刷电机,其中无刷电机更加耐用和稳定。

2. 飞行控制计算机部分

飞行控制计算机部分位于四个轴的中心点,是四旋翼无人机的大脑,由传感器、处理器、通信模块等组成。作用是控制整个四旋翼无人机的运动姿态、位置、速度等,并通过算法和控制器来实现飞行控制和稳定。此部分包括遥控接收部分、主控制器部分、姿态采集部分、自动避障部分等。

3. 机身(支架)部分

机身(支架)部分用于固定四旋翼无人机控制模块和旋翼模块,四旋翼无人机的机身包括四个机臂和固定板,可以由玻纤或者碳纤维等各种材料制成。机臂上有四个无刷电机的安装孔位,安装时,机体离地面有一定距离,加入起落架,使机体与地面达到一定的高度,可以在四旋翼无人机起飞和着陆时，减小地面效应对它所产生的影响。此外，在电机和飞行控制器之间，根据所使用电机的不同，有不同的设计，例如为了实现更好更快捷的调速，有些电机需要安装专门的电子调速器（以下简称电调）来调速。因此需要根据四旋翼无人机的电机类型和负载等因素进行合理搭配。

这种简单的四旋翼无人机结构，是最常用的经典结构之一，其控制方式简单、控制部件少、工作方式也易于被大众接受。在结构设计中，为了使整个四旋翼无人机的重心稳定，四个旋翼需要安放在同一高度平面上，飞行控制部分需要安装在四旋翼无人机的中心处，这样安放也方便飞行控制器通过调整四个旋翼的转速来控制整个四旋翼无人机的运动姿态。

2.3 四旋翼无人机的飞行控制

2.3.1 四旋翼无人机的飞行控制原理

四旋翼无人机的飞行控制原理是通过控制四个电机的转速，进而调整四个旋翼的推力和扭矩，从而实现控制四旋翼无人机的姿态和运动。具体来说，四旋翼无人机的飞行控制系统一般包括传感器、控制器和执行机构。

1. 传感器

传感器通常包括加速度计、陀螺仪、磁力计、气压计等，用于测量四旋翼无人机的姿态、速度和高度等信息。加速度计用于测量四旋翼无人机的加速度，在此基础上通过积分得到速度和位移信息，帮助飞行控制系统感知四旋翼无人机的姿态、运动状态和加速度变化，从而实现精确的控制。陀螺仪用于测量四旋翼无人机的角速度和角度变化，帮助飞行控制系统感知四旋翼无人机的姿态和角速度变化，从而实现精确的控制。磁力计用于测量地磁场，进而确定四旋翼无人机的方向，帮助飞行控制系统感知四旋翼无人机的航向，从而实现方向控制和导航。气压计用于测量大气压力，进而确定四旋翼无人机的高度，帮助飞行控制系统感知四旋翼无人机的高度和速度变化，从而实现高度控制和导航。

还有许多其他类型的传感器可以用于四旋翼无人机的控制和导航，如超声波传感器、红外线传感器、深度相机等。通过使用这些传感器，四旋翼无人机可以获得更多的信息和反馈，实现更加智能和自主的飞行控制。

2. 控制器

控制器通常包括飞行控制主板、处理器、控制算法等，用于接收传感器信息，进行数据处理和控制计算，并输出控制信号给执行机构。四旋翼无人机的控制器通常由两个主要部分组成：姿态估计和控制器。

　　姿态估计的主要作用是根据传感器获取的数据，估计四旋翼无人机的姿态，包括滚转角、俯仰角和偏航角。姿态估计通常采用卡尔曼滤波、互补滤波等算法来实现，可以使飞行控制系统获得更加精确的姿态信息。

　　控制器是飞行控制系统中的核心部分，其主要任务是将姿态估计的结果与用户指令相结合，计算出合适的控制信号，驱动电机控制四旋翼无人机的运动。控制器通常包括位置控制器和速度控制器两个部分。

　　位置控制器的主要任务是将用户指令转化为期望的四旋翼无人机的位置和姿态，从而实现四旋翼无人机的准确定位和航向控制。位置控制器通常使用 PID 控制算法来实现，其核心思想是通过不断地调整控制信号来使实际位置和期望位置之间的误差趋近于零。

　　速度控制器的主要任务是将位置控制器输出的期望位置转化为期望速度，从而实现四旋翼无人机的平稳运动和精确悬停。速度控制器通常使用 PID 控制算法来实现，其核心思想是通过不断地调整控制信号来使实际速度和期望速度之间的误差趋近于零。

　　3. 执行机构

　　执行机构通常包括电机、旋翼和电调等，用于接收控制信号，调整电机转速，控制四旋翼无人机的姿态和运动，详细功能将在第三章进行具体介绍。

　　执行机构的协同作用是四旋翼无人机能够准确、稳定飞行的关键所在。其中，电调通过控制电机转速，将控制器的指令转化为具体的机械动作；旋翼将机械动作转换为气流动力，产生推力，从而使四旋翼无人机完成飞行动作。

2.3.2　四旋翼无人机的飞行控制特点

　　四旋翼无人机的飞行控制具有以下特点：

　　(1) 稳定性强。通过控制四个电机的转速和扭矩，可以使四旋翼无人机保持姿态和位置的稳定，从而实现精确的飞行控制。

　　(2) 机动性好。四旋翼无人机具有快速加速、停止和转向的能力，可以适应不同飞行场景的需求，从而实现更灵活和机动的飞行控制。

　　(3) 悬停能力强。通过调整电机的转速，可以实现四旋翼无人机的悬停和低速飞行，非常适合执行精细控制的任务，如航拍和勘测等。

　　(4) 控制复杂度高。四旋翼无人机的控制涉及多个电机和旋翼，需要复杂的控制算法和硬件系统来实现精确的控制，因此相对于其他类型的飞行器，其控制复杂度较高。

　　在控制四旋翼无人机飞行时，有以下技术难点：

　　(1) 在飞行过程中四旋翼无人机不仅受到各种物理效应的作用，还容易受到气流等外部环境的干扰，很难获得其准确的性能参数。虽然四旋翼无人机的机体较小，所受空气阻力也相对较小，但在高速飞行时也会产生明显的阻力效应，影响飞行稳定性。除此之外，重力也是影响四旋翼无人机飞行的重要因素，四旋翼无人机需要不断克服重力才能保持在空中飞行。风力和气流对于四旋翼无人机的飞行轨迹、姿态控制和稳定性都会造成影响。当风力较大时，四旋翼无人机飞行姿态不稳定，容易发生偏离原本飞行轨迹的情况，需要飞行控制系统及时调整以保持飞行稳定性。

（2）四旋翼无人机是一个具有六自由度，而只有四个控制输入的欠驱动系统。它具有多变量、非线性、强耦合和干扰敏感的特性，这使得飞行控制系统的设计变得非常困难。为了实现准确的控制，需要融合多种传感器（如加速度计、陀螺仪、磁力计、GNSS 等）提供的数据，以获取更全面、准确的状态信息。为了实现实时响应和准确控制，需要设计高效的控制算法，并使用快速的计算方法来实现实时控制，这也使得飞行控制系统的设计非常复杂。

（3）控制四旋翼无人机姿态时最常用的传感器是陀螺仪，这种传感器自身存在一定的误差，且受到飞行环境的影响，涉及累积误差的消除，怎样建立误差模型和通过组合导航修正累积误差是一个工程难题。另外，在姿态解算算法中，将传感器提供的数据转换成姿态信息是关键步骤之一，但由于四旋翼无人机的动力学模型复杂，姿态解算算法的设计和优化也具有较大难度。

这三个问题的成功解决，是实现四旋翼无人机自主飞行控制的关键。

 # 2.4 四旋翼无人机的飞行机理

2.4.1 四旋翼无人机的飞行特点

直升机通过对总距和周期变距的控制来改变推力大小和运动方向。与之相比，四旋翼无人机具有完全不同的飞行控制方式。它通过调整四个电机的转速，来实现各个方向的运动。四旋翼无人机没有尾翼，因此机体的结构更加紧凑，飞行也更加灵活，通常只需控制四个旋翼的转速就可以让四旋翼无人机完成各种飞行任务。四旋翼无人机与直升机相比，控制系统有以下异同。

1. 控制系统的相同点

四旋翼无人机与直升机一样都属于旋翼类飞行器，因此，四旋翼无人机的空气动力学运动原理和直升机的运动原理基本相似。

2. 控制系统的不同点

（1）直升机主要由机体和升力（含旋翼和尾翼）、动力、传动三大系统以及机载飞行设备等组成。直升机的旋翼一般由涡轮轴发动机或活塞式发动机通过传动轴及减速器等组成的机械传动系统驱动，也可以由桨尖喷气产生的反作用力来驱动。直升机的最大时速可达 300 km/h 以上，俯冲极限速度近 400 km/h，实用升限可达 6000 m(世界纪录为 12 450 m)，一般航程可达 600～800 km，携带机内、外副油箱转场航程可达 2000 km 以上。根据不同任务的需要，直升机有不同的起飞重量。实际应用的通常是机械驱动式的单旋翼直升机及双旋翼直升机，其中又以单旋翼直升机数量居多。直升机本质上是不同于旋翼机的另一种飞行器，其推力、升力和操纵的实现均与旋翼机有较大的差距。

(2) 四旋翼无人机的四个旋翼都是与电机直连的简单机构，交叉的布局允许四旋翼无人机通过改变电机转速来获得旋转机身的力矩，从而调整自身姿态。因为它固有的复杂性，历史上很少有大型的商用四旋翼无人机。近年来得益于微机电控制技术的发展，四旋翼无人机稳定性提高，引起了人们的广泛关注，应用前景十分可观。四旋翼无人机的控制完全由四个无刷电机的转速变化来实现。输入功率、电机转速、旋翼升力、机体角加速度之间的关系很简单，对整架飞机的动力学建模经过适当的简化之后相对比较简洁，简单的 PID 控制也可以极大地减少操纵者的负担。四旋翼无人机的机械结构也比较简单，指令实现执行相关动作时没有误差。而传统直升机的周期距控制机械结构极其复杂，误差较大。直升机的周期距与机体角加速度之间的关系复杂，要考虑旋翼与尾旋翼的转动惯量、旋翼变形、前进时迎风侧旋翼与顺风侧旋翼升力差引起的偏航等干扰。

(3) 在姿态控制方面，直升机是通过改变桨矩角来实现转向的；而四旋翼无人机则通过改变四个电机的转速和旋翼的螺距等参数来产生控制力矩，以抵消惯性力矩和重力力矩的作用，从而使四旋翼无人机维持稳定的姿态。同时，控制系统还可以对四旋翼无人机进行姿态调整，使其具有所需的飞行性能。

(4) 直升机不仅需要承受旋翼和机身本身产生的力和力矩，还需要承受尾翼所产生的力和力矩。而四旋翼无人机只受到旋翼和机体本身所产生的力和力矩。

(5) 四旋翼无人机具有高度耦合的动态特性，一个旋翼速度的改变将至少影响三个自由度方向上的运动。为了实现精确的飞行控制，四旋翼无人机的控制器需要考虑不同控制量之间的相互影响和耦合关系。例如，当控制器调整高度时，它还需要考虑姿态和位置的变化，以避免产生不稳定的响应。

2.4.2　四旋翼无人机的基本运动状态

从飞行要求来看，四旋翼无人机应具备空间六个自由度和四个可控的基本运动状态。四个基本运动状态分别为垂直飞行、俯仰飞行、滚转飞行和偏航转动。这些运动状态可以通过分别改变四个电机的转速来控制，从而实现飞行的基本稳定和更复杂的飞行控制。

1. 垂直飞行

垂直飞行时，四旋翼无人机中四个电机的转速相等，产生的升力也是相等的，四旋翼无人机维持在一个固定的平面内，可以沿着垂直方向上升或下降，保持水平姿态。四旋翼无人机的升降，可以通过调整四个电机的转速来控制，控制方式如图 2-5(a)所示，图中箭头的粗细代表旋翼转速的大小。同比例增加四个电机的输出功率，旋翼转速增加，总拉力增大，四旋翼无人机垂直向上飞行；反之，同比例减小四个电机的输出功率，旋翼转速下降，总拉力减小，四旋翼无人机垂直向下飞行。控制四旋翼无人机上升和下降时需要平衡升力和重力的关系，使四旋翼无人机能够保持稳定的姿态，不会出现失控的现象。在垂直飞行的状态下，四旋翼无人机的姿态是能够保持机身水平的，四个电机产生的升力垂直于水平面。

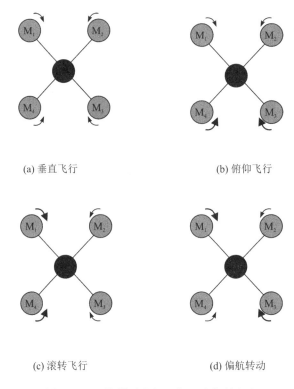

(a) 垂直飞行   (b) 俯仰飞行

(c) 滚转飞行   (d) 偏航转动

图 2-5　四旋翼无人机飞行运动控制方式

2. 俯仰飞行

　　俯仰飞行时，通过调整前后电机转速的差异，可以控制四旋翼无人机前后倾斜的程度，从而实现不同的速度和方向的前进或后退，控制方式如图 2-5(b)所示。在俯仰飞行状态下，前后电机的转速差异控制着四旋翼无人机的速度和方向。增加后部两个电机的输出功率，对应旋翼的转速增加，使得拉力增大；相应地减小前部两个电机的输出功率，使得拉力减小。这样由于存在拉力差，机身会向前倾斜，从而使旋翼的拉力产生水平分量，可以控制四旋翼无人机向前飞行。向后飞行与向前飞行的原理相反。前后电机的转速差异越大，四旋翼无人机的俯仰飞行速度和倾斜角度就会越大。

3. 滚转飞行

四旋翼无人机的滚转飞行是指向左或向右横滚的飞行状态，又称为横滚飞行。滚转飞行也是通过调整四个电机的转速来实现的。由于四旋翼无人机的结构具有对称性，滚转飞行的控制方式和俯仰飞行的控制方式相似，如图 2-5(c) 所示，增加左侧两个电机的输出功率，旋翼转速增加，使得拉力增大；相应地减小右侧两个电机的输出功率，使得拉力减小。这样由于存在拉力差，机身会向右滚转，从而使旋翼的拉力产生向右的分量，可以控制四旋翼无人机向右翻滚。向左滚转与向右滚转的原理相反。

4. 偏航转动

四旋翼无人机的偏航转动又被称为旋转运动，是指四旋翼无人机在水平面内以垂直轴为中心进行旋转的运动状态。偏航转动可以通过调整四个电机的转速来实现，也可以借助旋翼电机旋转时产生的反扭矩来实现。在改变电机转速的控制下，如果降低左侧的电机转速或升高右侧的电机转速，四旋翼无人机会向左旋转。反之，如果需要向右旋转，则可以降低右侧的电机转速或升高左侧的电机转速。电机在高速旋转的过程中会形成与转动方向相反的反扭矩，为了克服反扭矩的影响，可以四旋翼无人机中四个处于对角位置的电机两个正转、两个反转，对角线上的两个电机转动方向相同。偏航转动的控制方式如图 2-5(d) 所示。若四旋翼无人机按照期望方向做偏航转动，需要同时增加一对同方向旋转电机的转速，相对减小另一对旋转电机的转速，且转速增加的电机转动方向与期望的偏航转动方向相反。

上述基本运动状态可以组合起来，完成更复杂的飞行动作，例如向前飞行同时转弯并旋转，完成航拍视频等复杂任务。

2.4.3　四旋翼无人机的复杂飞行动作和控制

四旋翼无人机在三维立体空间中有六个自由度，包括三个平移自由度和三个旋转自由度，这些自由度允许四旋翼无人机在三维空间内自由移动和旋转，从而实现复杂的飞行动作和控制。

三个平移自由度介绍如下：

（1）前后自由度。前后自由度是指四旋翼无人机在前后方向上的自由运动。当四旋翼无人机向前倾斜时，后部的电机将加速旋转，前部的电机将减速旋转，从而使其向前倾斜飞行；当四旋翼无人机向后倾斜时，前部的电机将加速旋转，后部的电机将减速旋转，从而使其向后倾斜飞行。

（2）左右自由度。左右自由度是指四旋翼无人机在左右方向上的自由运动。当四旋翼无人机向左倾斜时，右侧的电机将加速旋转，左侧的电机将减速旋转，从而使其向左倾斜飞行；当四旋翼无人机向右倾斜时，左侧的电机将加速旋转，右侧的电机将减速旋转，从而使其向右倾斜飞行。

（3）上下自由度。上下自由度是指四旋翼无人机在垂直方向上的自由运动。当四个电机以固定的速度旋转时，四旋翼无人机将维持在一个固定高度上；当四个电机的转速同比例增加时，四旋翼无人机将垂直上升飞行；当四个电机的转速同比例减小时，四旋翼无人机将垂直下降飞行。

三个旋转自由度介绍如下：

（1）滚转自由度。滚转自由度是指四旋翼无人机绕其前后轴的旋转运动，可以使其沿着左右方向旋转飞行。

（2）俯仰自由度。俯仰自由度是指四旋翼无人机绕其左右轴的旋转运动，可以使其沿着前后方向旋转飞行。

（3）偏航自由度。偏航自由度是指四旋翼无人机绕其垂直轴的旋转运动，可以使其水平改变飞行方向。

在三维立体空间中，四旋翼无人机有六个自由度，但只有四个旋翼，这使得它不能以六个自由度的协同运动方式到达空间中的某一点，最多只能完成四个自由度的运动。然而，由于四旋翼无人机自身的特殊结构，能够找到四个最优的可控变量并对其解耦以使控制四旋翼无人机更为简便。四旋翼无人机的四个基本运动是垂直运动、俯仰运动、滚转运动和偏航运动（如图 2-6 所示），这使其能够到达空间中某一确定的高度和姿态。

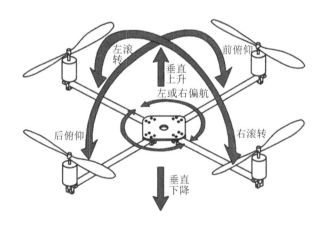

图 2-6　四旋翼无人机的四个基本运动示意图

四旋翼无人机（以十字机体为例）作为一种输入四个状态量而输出六个状态量的欠驱动系统，其电机转向如图 2-7 所示，四个旋翼分别位于十字机体的四个端点。转动时旋翼可被分为两组，电机 M_1 和 M_3 为一组，做顺时针转动；螺旋桨 M_2 和 M_4 为一组，做逆时针转动。

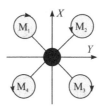

图 2-7　四旋翼无人机电机转向示意图

在图 2-7 中的飞行状态下，旋翼采用两对正反旋翼，在四个旋翼转速相同时，产生的反扭力矩相互抵消。下面具体介绍四旋翼无人机五种不同的飞行状态。

（1）空中悬停。

四旋翼无人机通过改变四个电机的转速完成飞行控制。当四个电机转速相同时，所产生的升力相等，且方向垂直向上，从而实现空中悬停。启动四旋翼无人机后，缓慢增加油门，电机转速加快，旋翼产生的升力也加大。如图 2-8 所示，当四个旋翼产生的升力之和 F 与四旋翼无人机的重力 G 大小相等、方向相反时，即四个旋翼旋转产生的推力相等且总推力与四旋翼无人机自身重力大小相等、方向相反时，四个旋翼以相同的速度旋转，四旋翼无人机能够实现空中悬停。在此状态下，四旋翼无人机的重心与四个电机的重心重合，四旋翼无人机处于平衡状态，能够在空中保持悬停不动。

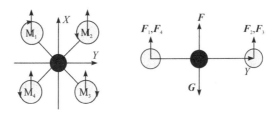

图 2-8　空中悬停示意图

为了维持悬停状态，四旋翼无人机需要对电机转速完成精确控制。控制系统通常由一个姿态控制器和一个高度控制器组成。姿态控制器采用陀螺仪、加速度计和磁力计等传感器来测量四旋翼无人机的姿态，然后将这些信息融合，进而相应的控制算法控制四个电机的转速。高度控制器通过控制四个电机的总升力来改变四旋翼无人机的飞行高度。高度控制器通常采用气压计或超声波测距传感器等来测量四旋翼无人机的高度，然后将这些信息传递给控制器，进而控制四个电机的转速，使其达到所需升力。

悬停时，为了抵抗风速和重心变化等因素对飞行稳定的干扰，四旋翼无人机的飞行状态需要不断调整。当受到侧风干扰时，姿态控制器需要对四旋翼无人机的滚转、俯仰和偏航进行实时调整，以保持机身的平衡。若姿态控制器的响应速度太慢，则可能会导致四旋翼无人机因失去平衡而坠落。此外，重心位置对悬停飞行也有重要影响。如果四旋翼无人机的重心偏离机身中心过多，会导致其在悬停状态下无法达到平衡。因此，为了保持稳定，四旋翼无人机需要根据其重心位置完成姿态和高度的实时调整。

（2）垂直运动。

垂直运动的控制通常由高度控制器实现。高度控制器监测四旋翼无人机的高度，并通过调整四个电机的转速来实现垂直上升和下降。当四旋翼无人机处于稳定的上升或下降状态时，高度控制器会保持四个电机的转速相等。如果四旋翼无人机受到风向等干扰，高度控制器就会实时调整电机的转速，以保持四旋翼无人机高度的稳定。

为了使四旋翼无人机垂直上升，四个电机的总升力需要大于四旋翼无人机自身的起飞重量。控制系统会控制增加四个电机的转速来增加升力，从而使四旋翼无人机完成上升动作。高度控制器会监测四旋翼无人机的飞行高度，并通过控制四个电机的转速来控制其上升速度。如图 2-9 所示，四旋翼无人机的四个旋翼转速同幅度增加，产生的升力也同时增加，当总升力 F 大于四旋翼无人机自身重力 G 时，四旋翼无人机实现垂直上升运动。

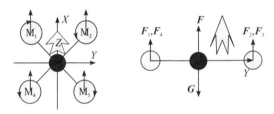

图 2-9　垂直向上运动示意图

为了使四旋翼无人机垂直下降，四个电机的总升力需要小于四旋翼无人机自身的起飞重量。为了减小升力，控制系统会减小四个电机的转速，从而使四旋翼无人机产生较小的升力。高度控制器会监测四旋翼无人机的飞行高度，并通过控制四个电机的转速来控制其下降速度。如图 2-10 所示，四旋翼无人机的四个旋翼转速同幅度减小，当产生的升力也同时减小，当总升力 F 小于四旋翼无人机自身重力 G 时，四旋翼无人机实现垂直下降运动。

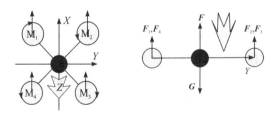

图 2-10　垂直向下运动示意图

在垂直上升或下降运动中，稳定性通常受风速和姿态控制器的响应速度等因素的影响。当四旋翼无人机受到阵风等外界环境干扰时，高度控制器需要对四个电机的转速进行实时调整，以保持四旋翼无人机高度变化的稳定，不会出现剧烈的高度变化。如果高度控制器的响应速度太慢，就会使四旋翼无人机失去精确的高度控制，从而导致过快上升或下降。此外，四旋翼无人机的姿态控制器也需要配合高度控制器对四旋翼无人机姿态进行实时调整，以保持稳定的垂直运动。

（3）俯仰运动。

四旋翼无人机的俯仰运动是通过调整前后电机的升力来实现的。当向前倾斜飞行时，后面电机产生的升力要大于前面电机产生的升力，以产生一个向前的倾斜力，使四旋翼无人机向前运动。如图 2-11 所示，当四旋翼无人机的 M_3 和 M_4 电机转速增加，M_1 和 M_2 电机转速相对减小时，升力 F 在 X 轴正方向上产生一个分力，四旋翼无人机实现向前飞行。

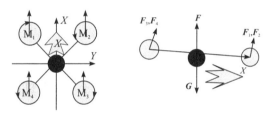

图 2-11　向前飞行示意图

同理，当向后倾斜飞行时，前面电机产生的升力要大于后面电机产生的升力，以产生一个向后的倾斜力，使四旋翼无人机向后运动。如图 2-12 所示，当四旋翼无人机的 M_1 和 M_2 电机转速增加，M_3 和 M_4 电机转速相对减小时，升力 F 在 X 轴负方向上产生一个分力，四旋翼无人机实现向后飞行。

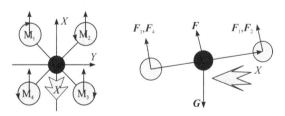

图 2-12　向后飞行示意图

在俯仰运动的控制中，需要使用姿态控制器来调整电机的升力，以达到期望的倾斜角度和飞行速度。姿态控制器先通过测量得到四旋翼无人机的飞行角度和角速度，然后参考 PID 控制等方法来调整电机的升力，使四旋翼无人机达到期望的倾斜角度和飞行速度。同时，高度控制器也需要和姿态控制器协同工作，以保持四旋翼无人机俯仰运动时高度的稳定。

（4）滚转运动。

四旋翼无人机的滚转运动是通过调整左右电机升力来实现的。当向右滚转时，左侧电机产生的升力要大于右侧电机产生的升力，以产生一个向右的倾斜力，使四旋翼无人机向右飞行。如图 2-13 所示，当四旋翼无人机的 M_1 和 M_4 电机转速增加，M_2 和 M_3 电机转速相对减小时，左侧升力增加，右侧升力减小，使升力 **F** 在 Y 轴正方向上产生一个分力，四旋翼无人机实现向右飞行。

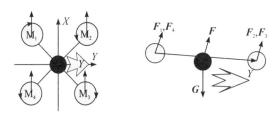

图 2-13 向右飞行示意图

同理，当向左滚转时，右侧电机产生的升力要大于左侧电机产生的升力，以产生一个向左的倾斜力，使四旋翼无人机向左运动。如图 2-14 所示，当四旋翼无人机的 M_2 和 M_3 电机转速增加，M_1 和 M_4 电机转速相对减小时，右侧升力增加，左侧升力减小，使升力 **F** 在 Y 轴负方向上产生一个分力，四旋翼无人机实现向左飞行。

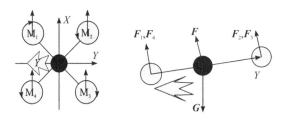

图 2-14 向左飞行示意图

（5）偏航运动。

四旋翼无人机的偏航运动是指四旋翼无人机在水平面上绕垂直轴线旋转的运动。在四旋翼无人机中，各旋翼所产生的反扭力存在方向和大小的差异，通过对电机转速的控制，可以实现对四旋翼无人机的偏航控制。当向左偏航时，顺时针旋转电机产生的反扭力大于逆时针旋转电机产生的反扭力，以产生一个水平向左的旋转力，使四旋翼无人机向左侧偏航。如图 2-15 所示，当四旋翼无人机的 M_1 和 M_3 电机转速增加，M_2 和 M_4 电机转速相对减小时，向左侧的反扭力大于右侧，四旋翼无人机实现向左偏航。

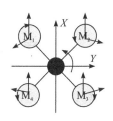

图 2 - 15　向左偏航示意图

同理，当向右偏航时，逆时针旋转电机产生的反扭力大于顺时针旋转电机产生的反扭力，以产生一个水平向右的旋转力，使四旋翼无人机向右侧偏航。如图 2 - 16 所示，当四旋翼无人机的 M_2 和 M_4 电机转速增加，M_1 和 M_3 电机转速相对减小时，向右侧的反扭力大于左侧，四旋翼无人机实现向右偏航。

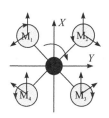

图 2 - 16　向右偏航示意图

为了控制四旋翼无人机的偏航运动，通常先使用陀螺仪等传感器来测量四旋翼无人机的旋转角速度，然后通过 PID 控制来调整四个电机的旋转速度，使四旋翼无人机完成偏航运动。同时，四旋翼无人机的偏航是在水平面完成的运动，也会影响其高度控制，因此需要和高度控制器协同工作，来保证四旋翼无人机的稳定飞行。

通过以上分析可知，与传统单旋翼飞行器相比，四旋翼无人机结构对称，不需要通过专门的尾翼来抵消旋翼旋转时产生的反扭力矩。因此四旋翼无人机大大增强了飞行的稳定性，也提升了能源的利用率。通过调整电机的转速和姿态可实现四旋翼无人机的悬停和机动飞行，四旋翼无人机适合完成一些需要精细控制的任务，如航拍、勘测和测量等。同时，相对于其他类型的飞行器，四旋翼无人机的生产成本较低，且维护过程方便简单，适合应用于小规模或低成本的飞行任务，如小型商业航拍、学术研究等。此外，由于四旋翼无人机的旋翼转速相对较低，可以搭载成熟的旋翼保护装置，在飞行时旋翼触碰到障碍物也不会产生巨大的破坏。因此，四旋翼无人机的安全性能很高，可以替代一些高风险的工作，如高空作业、大型设备的检查等工作，能够大幅提高工作效率和安全性。

本 章 小 结

本章介绍了四旋翼无人机的机体结构以及动力模块，帮助读者了解其组成。在此基础上，本章详细介绍了四旋翼无人机的飞行控制原理和特点，并分析了控制飞行中容易遇到的技术难点，为之后具体学习飞行控制内容打下基础。本章还重点介绍了四旋翼无人机的飞行机理，包括其飞行特点和基本飞行运动控制原理分析，便于读者进一步理解四旋翼无人机具有空间六自由度和四个可控的基本运动状态这一特点。

习 题

1. 旋翼飞行器通常可以分为哪几类？四旋翼无人机相对于其他旋翼飞行器，有什么突出特点？

2. 简述四旋翼无人机的基本结构。

3. 四旋翼无人机有哪些结构特点？这些特点对于飞行器控制以及应用起到了什么帮助？

4. 概括四旋翼无人机的基本组成及各部分的功能。

5. 四旋翼无人机的飞行控制有哪些特点？

6. 四旋翼无人机飞行控制中会遇到哪些技术难点？查阅资料了解现有的相应解决方法。

7. 简述控制四旋翼无人机与直升机的异同。

8. 四旋翼无人机的四个基本运动状态是什么？

9. 四旋翼无人机在三维立体空间中的六个自由度分别是什么？会对飞行姿态产生怎样的效果？

10. 了解四旋翼无人机五种不同飞行状态的控制原理，尝试画出控制原理示意图并简述具体控制的方式。

11. 结合整章内容，分析四旋翼无人机为什么被广泛应用于各个行业。基于其特点，进一步思考四旋翼无人机能够拓展应用到哪些领域。

第3章 四旋翼无人机的硬件结构设计

3.1 引 言

四旋翼无人机搭载四个旋翼且各旋翼位置呈十字形交叉，其结构新颖、性能优异，具有完备的垂直起降以及高速巡航能力。随着技术的进步，核心元器件性能的大幅提升，四旋翼无人机的翼载荷小、精准建模困难以及电池续航时间短的问题逐步得到改进。四旋翼无人机系统涉及电机学、空气动力学、自动控制原理及现代控制技术等，其研究领域十分广泛，能够很好地满足多学科研究者的仿真和设计需求。

本章介绍了四旋翼无人机动力系统的构成，包括机架、电机、电子调速器、电源模块和螺旋桨五个部分。其中，机架给其他设备提供平台，电池给动力系统提供电能，电子调速器控制电机转动，电机转动带动螺旋桨转动，螺旋桨转动提供升力。同时，本章还详细介绍了其他系统的构成，包括接收机、遥控器以及飞行控制器三个部分。其中，接收机和遥控器互为接收和发送设备，飞行控制器为系统的核心部分，指挥导航系统和动力系统完成对四旋翼无人机的控制。

3.2 机 架

3.2.1 机架的分类

四旋翼无人机的机架是整个飞行系统的载体，搭载其飞行所需的全部设备，包括电机、电调、电源模块、螺旋桨、飞行控制器、接收机以及 GNSS 定位系统等。由于机架的优劣直接决定了四旋翼无人机的整体性能与安全，因此一般选用高强度、重量轻的材料(例如碳纤维复合材料等)来制作机架。在机架选择中最重要的一个因素就是自身的重量，为了尽可能减小起飞重量，要求在保持机架基本刚性的同时，尽可能减小其重量，所以机架的材质选择也就需要慎重考虑。根据机架材质不同，可将机架分为尼龙塑料机架、玻璃纤维机架和碳纤维复合材料机架三种。

1. 尼龙塑料机架

尼龙塑料机架（如图 3-1 所示）主要由尼龙塑料制作而成。其密度较小、重量较轻，具有中等的强度和较高的韧性且价格相对较低的特点，在炸机时耐摔防撞，制作比较容易，适合入门级玩家用来练手使用。在尼龙塑料机架的组装过程中，多个机身部件通常采用螺丝固定，螺旋桨高速转动时产生的振动可能会使螺丝变松动，从而导致机身轴臂有脱落的危险。而随着 3D 打印技术的成熟，使用 3D 打印机将机架一体打印，既消除了螺丝重量，又避免了轴臂松动的危险，这使得尼龙塑料机架成为飞行爱好者的首选。

图 3-1　尼龙塑料机架

2. 玻璃纤维机架

玻璃纤维机架（如图 3-2 所示）主要由玻璃纤维制作而成。其绝缘性好、机械强度高，

图 3-2　玻璃纤维机架

但缺点是较脆、耐磨性较差。玻璃纤维机架强度比尼龙塑料机架更高,价格比碳纤维材料便宜很多,很适合对机架有更高要求的入门级玩家。

3. 碳纤维复合材料机架

碳纤维复合材料机架(如图 3-3 所示)主要由碳纤维复合材料制作而成。碳纤维复合材料是目前民用多旋翼无人机中应用最广泛的材料,其具有比强度高、设计性好、结构尺寸稳定性好、抗疲劳断裂性好和可大面积整体成型,以及特殊的电磁性能和吸波隐身的特点。相比以上两种机架,碳纤维复合材料机架具有更高的强度和刚度,而且重量更轻,因此碳纤维复合材料机架深受无人机厂商和玩家的喜爱。自然而然,碳纤维复合材料成为目前大规模生产无人机机架首选的材料。缺点是碳纤维复合材料的加工比较困难,需要对整个碳纤维复合材料板进行切割、打孔,并与起落架等其他部件连接固定,这导致其价格偏高,不适合入门级玩家,以免炸机后造成较大损失。

图 3-3　碳纤维复合材料机架

3.2.2　机架的数据参数

目前四旋翼无人机机架的数据参数主要有类型、轴距以及布局,这些参数决定了机架的基本外观以及飞行性能。

1. 机架的类型

机架可按照安装电机的数量进行分类,如通过两颗电机进行驱动的称为两轴机架,通过三颗电机进行驱动的称为三轴机架,同理有四轴机架、六轴机架和八轴机架,其中最常见的是四轴和六轴机架。

2. 机架的轴距

机架的轴距是指两个处于正对角位置的电机中心轴之间的距离,轴距的单位通常是

mm。轴距越大，说明四旋翼无人机的整体尺寸越大，通常能够搭载的电机和旋翼的尺寸也越大，同时载重量也会更大，具有更高的飞行稳定性，但也会相对失去一些飞行的灵活性。四旋翼无人机有时也会选用轴距来进行命名，如 F450 机架，其中 450 代表的就是轴距为 450 mm。

3. 机架的布局

市面上常见的机架基本布局主要有交叉形布局和环形布局两种。

按照飞行方向与机身关系，交叉形布局分为"＋"形和"x"形，如图 3－4 所示。在"＋"形和"x"形中，通常使用"x"形布局的情况较多。这是因为使用"x"形布局的机架机动性更强，能够最大限度发挥四个电机的性能，具体原理参见 3.3 节；而且，"x"形布局的机架能够使得第一视角飞行(FPV)时，视场不容易被遮挡，能够更好地分辨前方障碍物。

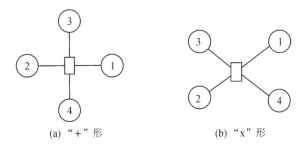

(a) "＋"形   (b) "x"形

图 3－4　交叉形布局

环形布局的机架(如图 3－5 所示)与交叉形布局的机架相比，其刚性更大。环形布局的机架更大程度上可以避免高速飞行中机架结构之间的振动，增加了强度和耐碰撞性，但同样牺牲了整体的重量，导致飞行的灵活性和转动惯量降低。

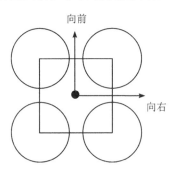

图 3－5　环形布局

根据旋翼安装方式，机架有常规布局和异形布局两种。其中，常规布局根据旋翼朝向又分为常见的电机朝上和少部分的电机朝下两种。

在常规布局中，安装的电机都处于同一水平面。电机朝上安装使得桨盘位于机臂位置上方，旋翼产生拉力，在着陆阶段不易碰到障碍而导致旋翼损伤；电机朝下安装使得桨盘位于机臂位置下方，旋翼产生推力，下洗气流完整且不会受到电机自身体积的遮挡。从理论来讲，电机朝下安装一定比电机朝上安装的效率更高，但若轴距过大，其效率的提升也是微乎其微，同时降落时旋翼容易碰到障碍而造成损伤。因此，电机朝下安装的方式仅适合轴距在150 mm 以下的小型无人机使用。

异形布局的电机安装是在同一理论轴线上下安装两颗电机，一颗朝上安装另一颗朝下安装，如图 3-6 所示。异形布局相比于常规布局的优点主要有：在不增加多旋翼整体尺寸的情况下，能够加大飞行器整体拉力，减少旋翼对视场的遮挡，通过上下旋翼总距差动产生不平衡扭矩可实现航向操纵，提升飞行的稳定性。但异形布局会降低单个旋翼的效率，共轴双桨大概相当于 1.6 个旋翼，并不能够等同于两个旋翼的效率。

图 3-6　异形布局

3.2.3　机架的使用规范

机架在设计过程中，遵循的基本原则有：刚度、强度满足负载要求，以保证机体在高强度飞行过程中不会发生晃动和弯曲；要有合适的长宽高比、轴距，且结构布局要适宜；满足其他设计原则的前提下，重量尽可能减轻，保证在飞行过程中机体振动越小越好。

可以参考机架的设计原则来选择机架。例如日常飞行航拍时，可以选择"x"形布局的四旋翼机架，且保证轴距为 250~450 mm；若需要搭载较大重量的摄像机时，可以把布局更改为共轴双桨的八旋翼机架；若用于飞行航测以及植保喷洒农药时，应选择轴距大于 450 mm 的碳纤维材质机架。在机架的安装过程中，需要保证重心在多旋翼无人机的中心轴上，并且在各部件的组装过程中，螺丝首先进行预定位，然后用力锁紧，并在每次飞行前仔细检查各部件的安装情况，以防在高强度飞行中发生零件脱落等危险。

3.3 电　　机

3.3.1　电机的分类

在无人机动力系统的设计中，能够使用电池为其提供能量，亦能够使用油动力为其提供能量，因此给无人机提供动力的方式普遍可以分为油动驱动方式和电动驱动方式。油动驱动方式采用的能源一般为甲醇、汽油等，该驱动方式所提供的功率较大，在运用储备油箱时能够延长续航时间，适用于大型无人机模型之中。电动驱动方式采用的能源一般为锂电池，其电机驱动装置大多用于航模。在航模中使用到的电机驱动装置大多为无传感器类型，其具有小体积、轻重量、高效率、高性价比等优点。对于电动驱动的四旋翼无人机来说，电机是整个飞行系统执行机构的重要组成部分，其选型的好坏将会直接影响四旋翼无人机的动力性能及负载能力。

电机一般分为有刷电机和无刷电机。对于多旋翼无人机来说，小型无人机通常使用有刷电机，比如空心杯电机；而轴距较大（通常大于 200 mm）的无人机会使用无刷电机。目前的多旋翼无人机多以无刷电机中的永磁同步电机为主。以下分别对有刷电机和无刷电机进行详细介绍。

1. 有刷电机

早期的电动模型多为不可调速的自由飞行模型或线操纵模型。后来最初出现的电机驱动系统是针对有刷电机设计的，可以用来改变电机的转速，其控制电流的关键部件是 MOS 管（即金属-氧化物-半导体场效应晶体管），通过控制 PWM 波（即占空比可调的脉冲波形）的脉宽来改变电流大小。

有刷电机（如图 3-7 所示）内含换向电刷装置，是将电能转换成机械能（类似电动机）或

图 3-7　有刷电机

将机械能转换成电能(类似发电机)的旋转电机。通过电刷和换向器这种结构来获得固定方向的磁场作用力,从而使电机转动起来,具有启动速度快、制动及时、可大范围平滑调速、控制电路简单等特点。电机工作时,只有线圈和换向器旋转,磁钢和碳刷不转,线圈电流方向的交替变化是随电机转动的换向器和电刷来完成的。有刷电机由定子和转子两大部分组成,定子上有磁极(绕组式或永磁式),转子上有绕组。通电后,转子上形成磁场,定子和转子的磁极之间有一个夹角,在定转子磁场(N 极和 S 极之间)的相互吸引下,电机旋转。如果改变电刷的位置,就可以改变定转子磁极夹角(假设以定子磁极为夹角的起始边,转子磁极为夹角的另一边,由转子磁极指向定子磁极的方向就是电机旋转的方向)的方向,从而改变电机的旋转方向。

2. 无刷电机

无刷电机(如图 3-8 所示)主要包括电机主体和驱动器两部分,由永磁体转子、多极绕组定子、位置传感器等组成。无刷电机的结构和有刷电机有相似之处,也有转子和定子,只是有刷电机的转子是线圈绕组,和动力输出轴相连,定子是永磁磁钢;无刷电机的转子是永磁磁钢,连同外壳一起和输出轴相连,定子是线圈绕组。无刷电机去除了有刷电机中用来交替变换电磁场的换向

图 3-8　无刷电机

电刷,故称之为无刷电机。无刷电机是以自控式运行的,不会像变频调速下重载启动的同步电机那样在转子上另加启动绕组,也不会在负载突变时产生振荡或失步。无刷电机与有刷电机相比,结构更简单、重量更轻、平均寿命更长、摩擦阻尼更小。在直流工作状态下,无刷电机具有更高的效率、更低的维修率以及更小的外形尺寸,例如在输出相同功率的情况下,无刷电机比有刷电机的体积几乎小了一半。

目前,中小容量无刷直流电机的永磁体,多采用高磁能级的稀土钕铁硼(Nd-Fe-B)材料,并采用半导体开关器件来实现电子换向,即用电子开关器件代替传统的接触式换向器和电刷。近年来,无刷直流电机因具有结构简单、无换向火花、调速性能好、运行可靠且无励磁损耗、维护方便,以及高效节能等优点被广泛用于四旋翼无人机之中。

3. 有刷电机与无刷电机的对比

1) 电机性能对比

有刷电机性能特点如下:

(1) 有刷电机的摩擦较大,损耗较大。有刷电机在工作一段时间后,需要打开电机来清理电机的碳刷,费时费力。

(2) 有刷电机易发热,寿命较短。由于有刷电机结构的原因,电刷和换向器之间的接触电阻很大,造成电机整体电阻较大,容易发热。而永磁体是热敏元件,如果温度太高的话,

磁钢会逐渐退磁，使电机性能下降，影响有刷电机的寿命。

（3）有刷电机的输出功率小，效率较低。有刷电机发热的问题，很大程度上是由于电流做的功被电机内部的电阻消耗了，这使得电能有很大一部分转化为热能。因此有刷电机的输出功率小，效率较低。

无刷电机性能特点如下：

（1）无刷电机干扰低。无刷电机没有电刷，最明显的变化就是没有有刷电机运转时产生的电火花，这在极大程度上减少了电火花对遥控无线电设备的干扰。

（2）无刷电机的噪声低，运转顺畅。无刷电机没有电刷，运转时摩擦力大大减小，运行更加顺畅，噪声也降低很多，该优点对电机运行稳定性的提升具有很大帮助。

（3）无刷电机的寿命长，维护成本低。无刷电机没有电刷，因此无刷电机的磨损主要是在轴承上。从机械角度看，无刷电机几乎是一种免维护的电机，必要时，只需做一些除尘维护的操作即可。

可以看出，无刷电机相对于有刷电机有很大优势。但万事都不是绝对的，有刷电机低速扭力性能优异、转矩大等性能特点是无刷电机不可替代的，不过就无刷电机的使用广泛性来看，随着无刷控制器成本的下降和国内外无刷技术的发展与市场竞争，无刷动力系统正处于高速发展与普及阶段，这也极大促进了四旋翼无人机的进步。

2）相关参数对比

有刷电机的参数包括外形尺寸（外径、长度、轴径等）、重量、电压范围、空载电流、最大电流等；而无刷电机除了包括有刷电机的参数，还有一个重要指标——KV值。KV值是无刷电机独有的一个参数，是判断无刷电机性能特点的一个重要数据。

3）适用范围对比

有刷电机通常用于在无须对其转速进行精密控制的设备，如吹风机、工厂电动机、家用抽油烟机等。有刷电机的转速也能达到很高，但是由于碳刷的磨损，使用寿命不如无刷电机。

无刷电机通常用于控制要求较高，对电机转速控制严格且转速要求很高的设备，如航模动力系统、精密仪器仪表等。

4）转速调节对比

有刷电机一般启动后以恒定转速进行工作，不容易对转速进行调节。有刷电机也能达到两万转每分钟，但使用寿命较短。

无刷电机通常采用数字变频控制，可控性强，从几转每分钟到几万转每分钟都可以很容易地实现。

5）节能维护对比

有刷电机通常使用寿命在几百到一千多小时，到达使用极限时就需要更换碳刷，不然很容易造成轴承的磨损。

　　无刷电机采用变频技术进行控制，比有刷电机节能很多。无刷电机的使用寿命很长，通常在几万小时的数量级，是有刷电机的 10 倍以上，且基本不需要日常维护。

3.3.2　电机的数据参数

　　目前市面上朗宇(SUNNYSKY)系列的无刷电机，广泛应用于电动模型之中。典型的四旋翼无人机所使用的无刷电机有朗宇 X2212 电机，其外观图和参数指标如图 3-9 和表 3-1 所示。

图 3-9　朗宇 X2212 电机的外观图

表 3-1　朗宇 X2212 电机的参数指标

参 数 名 称	指标	参 数 名 称	指标
定子外径	22 mm	最大连续电流	26 A/30 s
定子厚度	12 mm	最大连续功率	385 W
定子槽数	12	重量(含线)g	57 g
转子极数	14	转子直径	27.5 mm
电机 KV 值	980	电机长度	30 mm
空载电流	0.6 A	支持的锂电池节数	3～4
电机电阻	92 mΩ	建议使用的电调电流值	30 A

1. 电机的外观参数

　　电机的外观由定子外径、定子厚度、转子直径和电机长度决定。定子外径和定子厚度决定了电机的基本尺寸，如该朗宇 X2212 电机，22 代表定子的外径为 22 mm，12 代表定子的厚度为 12 mm。转子直径决定了电机外壳的大小，电机长度决定了电机的整体外观尺寸。

2. 电机的静态数据

电机的静态数据包括定子槽数、转子极数、电机电阻和重量(含线)。定子槽数和转子极数是一对固定的数据值,定子槽数(N)表示定子铁芯槽的数量。由于无刷电机是三相电机,因此无刷电机的定子槽数是 3 的倍数,如 22 系列电机的定子槽数基本都为 12。转子极数(P)表示转子上磁钢的数量,磁铁必定是南北极成对使用的,因此极数必然是偶数,如 22 系列电机的转子极数基本都为 14。电机电阻和重量(含线)决定了电机动态性能的好坏。

3. 电机的动态数据

电机的动态数据包括电机 KV 值、空载电流、最大连续电流和最大连续功率。对于电机的 KV 值,它表示的是电压每升高 1 V,转速增加的数值。电机的转速(空载)=KV 值×电压,例如 KV 值为 1000 的电机,在 10 V 电压下它的转速(空载)就是 10 000 r/min。电机的空载电流即无外加负载(例如无旋翼)时电机的平均空转电流。最大连续电流和最大连续功率相似,都是有外加负载(例如有旋翼)时电机稳定旋转能够达到的最大连续电流和最大连续功率。

4. 电机的推荐指标

电机的推荐指标包括支持的锂电池节数和建议使用的电调电流值。通常市面上的电机参数表都会标明电机能够支持的锂电池节数,据此可以计算出电机的适用电压范围。若低于该电压,电机无法正常旋转;若高于该电压,电机将会损坏。对于建议使用的电调电流值,实际电调电流小于推荐值时,会留下更多的余量;实际电调电流大于推荐值时,电机电流过大,会超过电调的最大承受限度。

3.3.3　电机的控制原理

电机是四旋翼无人机的动力装置。本节从电机分布的基本结构、控制原理两个方面介绍电机的控制原理。

1. 电机分布的基本结构

四旋翼无人机在空间中共有六个自由度,分别沿三个坐标轴作平移和旋转运动,通过调节四个电机的转速可控制六个自由度。其旋翼对称分布在机体的前、后、左、右四个方位,通常情况下四个旋翼处于同一高度平面,且四个旋翼的结构和半径都相同,其对角线上的两个电机属于同一组驱动设备。四个电机分别间隔搭载正桨和反桨,这样可以抵消四旋翼无人机在飞行过程中相邻两个电机产生的扭矩。

2. 控制原理

四旋翼无人机的控制原理如下:

(1)当没有外力作用在四旋翼无人机上时,位于四个轴位置的电机的转速相同,但相邻位置电机的转向相反。

（2）在垂直运动的过程中，当旋翼产生的向上的拉力大于或小于整机重力时，四旋翼无人机会实现垂直上升或者下降；当旋翼产生的向上的拉力与整机重力平衡时，四旋翼无人机实现悬停操作。

（3）假设四旋翼无人机受到来自前方向下的外力作用时，前方电机的转速会迅速加快，从而抵消外力的影响以保持四旋翼无人机水平飞行，同理在其他方向受到外力作用时的处理方法与此相同。

（4）当控制四旋翼无人机水平向前飞行时，前方的两个电机减速旋转，后方的两个电机加速旋转，这样四旋翼无人机就会向前倾斜，并相应地向前飞行。同样，向后、向左、向右飞行时，姿态的控制过程也是通过相同方式实现的。电机驱动系统是控制四旋翼无人机的伺服机构，也是控制四旋翼无人机飞行姿态和飞行轨迹的关键部件，其性能的优劣直接影响到飞行控制系统的性能和安全。

（5）电机驱动系统的工作方式是接收飞行控制系统输出的控制信号并将其转化为电流的信号，通过电调来协调控制四个电机的转速，从而改变四旋翼无人机的飞行速度和飞行姿态，以达到控制四旋翼无人机平稳飞行的目的和完成操作者所设定的飞行任务。

3.3.4　电机的位置传感器

位置传感器是无刷直流电机的组成部分之一。位置传感器按转子位置的变化，沿着一定次序对定子绕组的电流进行换流（即检测转子磁极相对定子绕组的位置，并在确定的位置处产生位置传感信号，经信号转换电路处理后去控制功率开关电路，按一定的逻辑关系进行绕组电流切换）。定子绕组的工作电压由位置传感器输出控制的电子开关电路提供。位置传感器有磁敏式、光电式和电磁式三种类型。以下分别介绍采用这三种位置传感器的无刷直流电机。

（1）采用磁敏式位置传感器的无刷直流电机。其磁敏传感器件（例如霍尔元件、磁敏二极管、磁敏钴极管、磁敏电阻器或专用集成电路等）装在定子组件上，用来检测永磁体和转子旋转时产生的磁场变化。

（2）采用光电式位置传感器的无刷直流电机。在定子组件上按一定位置配置了光电传感器件，转子上装有遮光板，光源为发光二极管或小灯泡。转子旋转时，由于遮光板的作用，定子上的光敏元器件将会按一定频率间歇产生脉冲信号。

（3）采用电磁式位置传感器的无刷直流电机。在定子组件上安装电磁传感器部件（例如耦合变压器、接近开关、LC 谐振电路等），当永磁体转子位置发生变化时，电磁效应将使电磁传感器产生高频调制信号（其幅值随转子位置而变化）。

3.4 电子调速器

3.4.1 电子调速器的工作原理

电子调速器(Electronic Speed Controller，ESC)简称电调，其作用是将飞行控制器发出的控制信号，转变为电流的大小，以此来控制电机的转速。通常在高速旋转时，电机的电流是很大的，平均每个电机上有30 A左右的电流。此时如果没有电调的存在，飞行控制器根本无法承受如此巨大的电流，除此之外目前的飞行控制器也没有直接驱动无刷电机的能力。

电调有电流控制的作用，其内部电路有一套MOSFET管(功率管)。电调中有电流的输入，内部电路根据飞行控制器传输过来的PWM信号控制电流，经过控制后把电流输出给电机，通过脉冲信号的宽度变化来调整连接在输出电路上的电机的启动停止以及转速变化。对于飞行控制器传输过来的控制信号，可以控制电调在单位时间内开关的次数。电调的输入是直流电，电调可以接稳压电源，或者使用锂电池进行供电。电调控制结构图如图3-10所示。

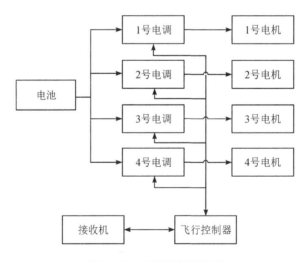

图3-10 电调控制结构图

电调在四旋翼无人机中还充当了蓄电池电路(Battery Elimination Circuit，BEC)的作用，通过BEC稳压模块能够将电源输入的电压降至5 V左右(通常会略大于5 V，以此抵消加入负载时电压的降低)，为飞行控制器和遥控器、接收机及其他外部设备供电。

3.4.2 电调的分类

电调的分类方式有多种，具体如下：

（1）根据电机的不同，可以分为有刷电调和无刷电调。有刷电调控制有刷电机的转速，是简单的直流输出，现已不太常用。无刷电调控制无刷电机的转速，是把电池输出的直流电转换成为三相交流电。

（2）根据控制方式的不同，可以分为 BLDC 电调和 FOC 电调。BLDC 即方波，该方式较为传统但是具有很好的兼容性。FOC 电调具有效率高、噪声低、响应快等特点，飞行控制器需要对其做兼容性调试，必须一对一指定其配套电机，并且在收油门时有较强的刹车效果，可能无法使用自紧螺旋桨，且 FOC 电调成本较高，体积略大。

（3）根据应用的不同，电调可以满足不同场景下的使用需求。如航模电调可以应用于四旋翼或固定翼飞行器中；车模电调可以应用于漂移车或攀爬车中；船模电调可以应用于单体船或双体船中。除此之外电调还可以应用于滑板车、电动螺丝刀、医疗器械，以及风机、水泵中，由此可见其应用场景十分广泛。

3.4.3 电调的数据参数

传统四旋翼无人机电调组由四个单独电调组成，分别控制一路的电机转动，而现在大多采用四合一电调，即通过一块电调板来集成四路控制电路。四合一电调能够与飞行控制器配合，一起控制四路电机的转动。以好盈工厂生产的 60A 四合一电调（如图 3-11 所示）为例，介绍其特点和技术参数，具体如下。

图 3-11　好盈 60A 四合一电调

（1）四合一电调的四个电调组合在一起，仅需一组电源输入线，这避免了焊接带来的误差，并且大幅降低了飞行重量。

（2）四合一电调具有开关稳压输出模式，输入电压可达 3～6 片锂电池输入，持续电流达 60 A，瞬间电流可达 75 A，BEC 稳压输出 5 V/0.5 A。

（3）四合一电调具备输入电压异常保护、电池低压保护、过热保护、油门信号丢失保护等多重保护功能。虽然电调是可以设置电池低压保护的，但尽量不要等电调保护的时候才对电池进行充电，这样可以延长电池的使用寿命。

（4）四合一电调中，每个电调的油门行程独立设置，兼容各种遥控器。大多数常见电调是可以编程的，能通过编程来设置响应速度等相关参数。设置的方法是将电调连接至接收机的油门输出通道(通常是 3 通道)，按照说明书，在遥控器上通过移动摇杆进行设置。除此之外，还可以通过厂家的编程卡来进行设置，方法简单，无须连接遥控器。

注：通过遥控器设置电调时，需要接通电源并连接电机，通过电机振动发出"滴滴"类的声音来判断电调是否进入设置。

（5）四合一电调具备平滑、细腻的调速手感，一流的调速线性。电调有快速响应和慢速响应的区别，四旋翼无人机需要快速响应的电调以及平滑、细腻的调速手感来提升飞行的安全性和稳定性。

3.4.4　电调的使用规范

对于四合一电调的使用规范，一般情况如下。

（1）电调的两根输入线与电池正负极相连，电池电压即为电调的输入电压，根据技术参数，电池电压不得超过电调最大的支持电压。

（2）电调的三根输出线与电机相连，连接后推动油门，如果发现电机转向与预期结果相反，只需对调任意两根连接线的顺序即可。

（3）电调的信号线与飞行控制器相连，接收来自飞行控制器的信号传输。

（4）固定电调时要注意绝缘，裸露处的电路板应进行适当的绝缘操作以防出现短路等危险。

3.5　电源模块(充电电池与充电器)

3.5.1　充电电池的分类

通常四旋翼无人机的动力都是由锂电池提供的。锂电池的重量与容量是电池选用中一对相反的考虑因素。通常，电池的容量越大，则体积越大，同时重量也越大。若使用与四旋翼无人机搭载参数不匹配的电池执行任务，非但不能提高其续航时间，甚至还会降低操作效率，造成不必要的损失。

市面上常见的充电电池包括铅酸电池、镍镉电池、镍氢电池、锂离子电池、锂聚合物电池及磷酸铁锂电池等，以下对几种电池分别展开介绍。

（1）铅酸电池（Lead-Acid Battery）。铅酸电池的标准电压为 2 V，使用寿命为 $200\sim300$ 次，使用温度为 $0\sim45℃$，通常用于电动车电瓶中（它是用 6 个 2 V 铅酸电池串联成 12 V 的），其体积和重量较大。

（2）镍镉电池（Nickel-Cadmium Battery）。镍镉电池的标准电压为 1.2 V，使用寿命约为 500 次，使用温度为 $-20\sim+60℃$，其特点是具有很强的耐过充能力。

（3）镍氢电池（Nickel-Hydrogen Battery）。镍氢电池的标准电压同镍镉电池一样为 1.2 V，使用寿命约为 1000 次，使用温度为 $-10\sim+45℃$，AA 型尺寸的镍氢电池的最高容量为 2500 mA·h 左右。

（4）锂离子电池（Lithium-Ion Battery）。锂离子电池的标准电压为 3.6 V，使用寿命约为 500 次，使用温度为 $-20\sim+60℃$，该电池重量比镍氢电池轻 $30\%\sim40\%$，容量却高出镍氢电池 60% 以上，但是其不耐过充，如果过充将会导致温度过高进而破坏其内部结构，严重时还会爆炸。

（5）锂聚合物电池（Lithium-Polymer Battery）。锂聚合物电池（以下简称锂电池）的标准电压为 3.7 V，使用寿命约为 500 次，使用温度为 $-20\sim+60℃$，该电池属于锂离子电池的改良型，没有电池液，而改用聚合物作为电解质，可以做成各种形状，比锂离子电池更加稳定。

（6）磷酸铁锂电池（Lithium Iron Phosphate Battery）。磷酸铁锂电池的标准电压为 3.2 V，使用寿命约为 1000 次，使用温度为 $-20\sim+75℃$，其低温性能较差，但比锂离子电池及锂聚合物电池安全稳定，寿命更长。

3.5.2　充电电池的性能参数

以格瑞普品牌的锂聚合物电池（品牌名称为格氏 R-fly）为例，介绍其性能参数，如图 3-12 所示，具体介绍如下。

（1）该电池容量为 1850 mA·h。该电池在满电状态下，若按照 1850 mA 的电流进行放电，则可以持续放电 1 h；若按照 3700 mA 的电流进行放电，则可以持续放电半小时，即电流（mA）与时间（h）的乘积为 1850 mA·h，通俗来讲该参数表征了电池所含能量的大小。

（2）该电池倍率为 75C（默认充电倍率为 5C）。通常四旋翼无人机会搭载专业的航模电池，采用 C 数（C 数即电池的放电倍率）较高的电池进行供电。75C 表明放电时瞬时峰值电流约为电池容量的 75 倍，即瞬时峰值电流为 $1.850A\times75=138.75A$，由此可以得知电池

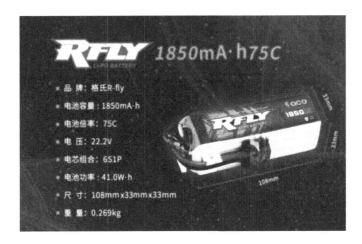

图 3-12 锂聚合物电池

的放电能力最大为 138.75A。该参数很重要，它表征了该电池放电时最大的承载量，若超出此数值，使用更大电流放电将会大幅削弱电池寿命，甚至还会导致电池出现鼓包、胀气等现象，使电池迅速遭到损坏。同样电池默认的充电倍率为 5C，这表明最大可以用 9.25A 的电流来充电，若超出此限制同样会对电池产生不利影响。

（3）该电池的电压为 22.2 V，电芯组合为 6S1P。这两个参数通常可以放在一起，6S1P 表示该电池由 6 节相同的锂电池串联组成，且只有 1 排并联。普通锂电池的标准电压为 3.7 V，6 节相同的锂电池串联组成的电池总计标准电压为 3.7 V×6＝22.2 V。普通锂电池单片电芯的满电电压为 4.2 V，6 节这种普通锂电池串联组成的电池充满电时总电压为 4.2 V×6＝25.2 V。也有少部分能量密度较大的电芯组成高压锂电池，其单片电芯电压约为 4.35 V。普通锂电池截止电压由于各厂家生产情况不同而略有差异，普遍采用 3.2 V 作为其单片电芯的截止电压。在使用过程中，该电池电压不能低于 3.2 V×6＝19.2 V，否则也会对电池产生不利影响。

（4）该电池功率为 41.0 W·h。该参数表明在标准电压下，放电 1 h 的功率为标准电压与电流的乘积 22.2 V×1.85A×1 h≈41.0 W·h。该参数一般为电池是否能够携带的主要考虑因素，如乘坐飞机时，按规定 100 W·h 以内的电池可以带上飞机，也就是说电池功率在 100 W·h 以内的电池是可以随身携带的。

（5）该电池的尺寸为 108 mm×33 mm×33 mm，重量为 0.269 kg。在电池容量相同的情况下，电池的重量越轻，起飞效率越高。电池体积一般决定了四旋翼无人机电池仓空间的大小，选择合适重量和体积的电池对于四旋翼无人机的性能来讲至关重要。

此外，对于电池的选择还要综合考虑四旋翼无人机的机架、电机以及旋翼等，基本目的都是希望其续航时间更长。通俗来讲，四旋翼无人机较小时，可以选择容量较小、节数为

2～4 且 C 数也稍小一点的电池；四旋翼无人机较大时，可以选择容量较大、节数为 4～6 且 C 数也稍大一点的电池。

3.5.3　充电器的介绍

　　介绍充电器之前先对电池充电、放电的端口进行介绍。如图 3-13 所示，图中 1 所示位置是电池的动力输出头，一般采用 XT60 插头，也有较小容量的电池会采用 XT30 插头；图中 2 所示位置是电池的平衡头，主要用于在充电时让电池平衡各个电芯之间的电压，可以使用测电器插入平衡头对电池电压进行检测。

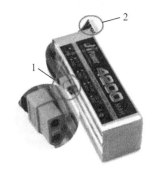

1—动力输出头；2—平衡头。

图 3-13　动力输出头与平衡头

　　由于不同厂家的充电器各有不同，这里仅简单介绍充电器的统一使用标准。

　　充电器一般分为两个部分：一部分是为充电器提供能源的电源，电源的大小根据充电器规格不同各有差异，普遍使用 360 W 开关电源（如图 3-14 所示）即可；另一部分就是充电器主体，一端通过专有供电线与电源相连接，另一端连接被充电电池，如图 3-15 所示。

图 3-14　开关电源

充电时需要插入动力输出头和平衡头，再根据充电器说明书进行操作即可完成充电。特别注意，由于充电器功率较大，且充电过程中存在一定的风险，因此充电时不可离人，以防意外发生。

图 3-15　充电器

3.6　螺　旋　桨

3.6.1　螺旋桨简介

　　螺旋桨是四旋翼无人机中动力系统的重要组成部分，其快速旋转产生的拉力能够将四旋翼无人机带入空中并配合电机转速的变化完成相应的操作。四旋翼无人机的四个螺旋桨都要提供升力，同时要抵消螺旋桨的自旋。因此在安装过程中需要正反桨，即对角的桨旋转方向相同、正反相同；相邻的桨旋转方向相反、正反相反。一般桨叶上有标注参数的一面是向上的（桨叶圆润的一面要和电机旋转方向一致）。

　　另外，桨叶随着电机高速旋转，所以其旋转平衡是需要重点考虑的。假如桨叶有一头重一头轻，或者一侧轻一侧重导致不平衡，在旋转时就会产生左右/前后晃动等问题。这样不仅动力效率低，还可能会损坏电机，造成无人机炸机等不利情况的发生。生产出厂的桨叶通常都已经进行过动平衡测试，对于要求更高的场合也可以运用调平工具对桨叶的动平衡性能进行调节。

3.6.2　桨叶的分类

　　根据螺旋桨桨叶使用材质的不同，现在市面上广泛使用的桨叶可以分为注塑桨、碳纤维桨和木桨。

　　1. 注塑桨

　　注塑桨（如图 3-16 所示）是指使用塑料等复合材料制成的桨叶。塑件的注塑成型工艺过程主要包括填充——保压——冷却——脱模 4 个阶段。目前市面上的注塑桨产品中，APC 公司生产的桨叶最为有名，质量最好。

图 3 - 16　注塑桨

2. 碳纤维桨

碳纤维是一种与人造丝合成纤维一样的纤维状碳材料，也是当代工业中一种异常紧张的材料，它强度高、分量轻、防侵蚀、耐水、使用寿命长，在各个行业都有广泛的应用。也正是由于碳纤维材料有优异的硬度且可以制成合适的桨型，因此碳纤维桨（如图 3 - 17 所示）非常适合技巧性飞行和 3D 特技飞行。碳纤维桨的效率优于木桨，其价格比木桨更贵，但稍微低于原装注塑桨。螺旋桨作为动力装配，采用碳纤维材料制作也是目前较为常见的情况之一。

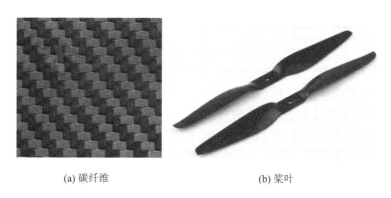

(a) 碳纤维　　　　　　　　　　　(b) 桨叶

图 3 - 17　碳纤维桨

3. 木桨

木桨就是使用木头为原料制作而成的桨叶。工程界普遍认为，用榉木作原料是制作螺旋桨比较好的选择。榉木是坚硬密实的木头，抗冲击性很好。而且榉木并不难寻，获得性很高，这点很重要，毕竟有多种木材的性能超越榉木，但较为稀少，不适用于大量制造。因此，木浆(如图 3-18 所示)的材料更常见的多为榉木，其特点是硬度高，重量轻，经过风干打蜡上漆以后不怕受潮。枣木作为木材来说质地坚硬密实，做桨叶虽然不算是最佳选择但也足够使用。总体来说，只要是坚硬且不脆的木材，都是可以选取的，坚硬、耐磨、抗冲击、易于加工、防腐性能好的木材当然是首选材料。木浆主要使用在固定翼飞行器上，四旋翼无人机中的使用较少，目前最高端的木浆是欧洲 XOAR 公司的木浆系列产品。

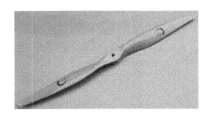

图 3-18 木桨

3.6.3 螺旋桨的数据参数

目前市面上常见的螺旋桨型号通常用 4 位数字表示，如 8045、1038 等，前两位和后两位分别代表桨叶的两个重要参数——桨直径和桨螺距。

1. 桨直径

桨直径是指桨转动时所形成的圆的直径，对于双叶桨(两片桨叶，这是最常用的桨)恰好是两片桨叶长度之和，用前两位数字表示，如上面的 80 和 10，单位为英寸。

2. 桨螺距

桨螺距则代表桨旋转一周前进的距离，用后两位数字表示，如上面的 45 和 38。桨直径和桨螺距越大，桨能提供的拉(推)力越大。

如以 Phantom 的桨叶为例，常见的有：

(1) 8045 桨叶，表示桨直径为 8 英寸(8×2.54＝20.32 厘米)，桨螺距为 4.5 英寸。

(2) 9443 桨叶，表示桨直径为 9.4 英寸，桨螺距为 4.3 英寸。

从桨叶的规格可以看出，9443 桨叶能够提供更大的动力。

3.6.4 螺旋桨的性能评估

螺旋桨的性能可以通过推力系数、功率系数和螺旋桨直径这三个参数来评估。根据这三个参数，可以计算出螺旋桨所产生的推力与功率为

$$T = C_{\mathrm{T}}\rho\Omega^2 D^4 \tag{3.1}$$

$$P = C_{\mathrm{P}}\rho\Omega^3 D^5 \tag{3.2}$$

式中，T 为螺旋桨推力，单位为 N；P 为螺旋桨功率；C_T 为推力系数；C_P 为功率系数；ρ 为空气密度，单位为 kg/m³；Ω 为螺旋桨的转速，单位为 r/min；D 为螺旋桨直径，单位为 m。

3.6.5　螺旋桨的使用规范

螺旋桨由于旋转时过高的转速容易导致射桨（旋翼飞行器的螺旋桨、尾桨或固定翼飞行器的螺旋桨）现象，这是因为超出螺旋桨所承受拉力的设计值时，桨根断裂，由于旋转时的巨大惯性，残桨像炮弹破片那样高速飞出去，威力很大（相对来说），会打伤人，所以形象地称为"射桨"。有时螺旋桨固定螺丝松脱或碰到异物导致螺旋桨断裂也会引起射桨。

飞行时，飞行器的转速设置不当是射桨多发的主要原因。因此，对于不同材质的螺旋桨，应该设置不同范围的工作转速。例如，木桨通常比碳纤维桨的强度小，如果使用木桨，并且设置了较高的转速（例如应用于 3D 飞行），射桨的概率将大大增加。碳纤维桨重量轻、动平衡好、转动惯量小，更能适应电机转速的迅速变化，因而更换碳纤维桨可以减少射桨的概率。

射桨绝大多数都是人为造成的。四旋翼无人机发生射桨现象的原因可能如下。

（1）上桨不紧。

（2）上桨拧得过紧，会造成桨帽内螺纹变形（倒牙），甚至滑牙。

（3）桨片磨损严重。

（4）螺纹配合不好。

（5）桨叶正反与电机转向不匹配。

这就要求在四旋翼无人机起飞前要做充足的自检工作，常见的自检工作如下。

（1）GPS 情况是否良好（否则无法实现 P 模式）。

（2）指南针是否受干扰，是否已经校准。

（3）螺旋桨是否旋紧（但不必过度旋紧）。

（4）电池、遥控器、手机电量是否充足。

（5）机身电机座和起落架有无开裂迹象。

（6）电机内部有无明显杂物，如有则应及时清除。

（7）螺旋桨表面有无明显损坏，螺丝表面有无滑丝现象。

（8）云台是否居中，云台自稳系统是否正常工作。

（9）夜航前必须打开前臂灯，如有条件可带上一个手电，在降落时照射地面，方便无人机确认降落地点。

（10）先开启遥控器电源，再开启四旋翼无人机电源，以免发生仅开启四旋翼无人机电源时的意外失控现象。

3.7 接 收 机

3.7.1 接收机简介

接收机是无线遥控器发射高频 2.4 GHz 无线电波的接收端，通过与遥控器搭配使用来实现对四旋翼无人机的控制。图 3-19 所示为 Futaba 接收机。目前市面上的接收机都需要与遥控器一一对频，实现一对一控制，具有较强的抗干扰能力。在环境理想的情况下允许数十人同时对四旋翼无人机进行操控且不会发生干扰，接收机是控制四旋翼无人机的必要设备之一。接收机输出信号有统一的通信标准，同时接收机与遥控器之间也有不同的通信协议。通常情况下一款接收机只能与同一品牌的遥控器进行对频操作，甚至可能只有同一品牌中同一系列的接收机和遥控器才能进行对频操作。因此在遥控器的销售过程中也会附带一款与之配对的接收机。

图 3-19　Futaba 接收机

3.7.2　接收机的通信标准

接收机自身的通信标准主要包括脉宽调制、脉冲位置调制以及 SBUS 串行通信协议三种。

1. 脉宽调制

脉宽调制（Pulse Width Modulation，PWM）这种控制方式比较经典且通用，在电机以及舵机的控制中十分常见。PWM 的主要原理是通过周期性跳变的高电平和低电平形成方波，进而形成连续的数据输出。在接收机中经常使用到的 PWM 信号功能只是其中一部分，主要利用高电平宽度来进行信号通信，固定了周期，忽略了占空比参数。PWM 有如下优点：

（1）PWM 信号在传输时使用的是满电压传输方式，类似数字信号的非 0 即 1，因此也具有像数字信号一样的抗干扰能力。

（2）PWM 信号是连续调节的，能够传输模拟信号。并且每一条物理连接线只传输一路信号，占用几个通道就需要几组物理连接线，便于查找。

（3）PWM 信号的发生和采集比较简单，如今数字电路采用计数方式来采集 PWM 信号。

（4）PWM 信号在电压不稳定时也能正常传输，其信号值与电压无关，当电压变化时产生波纹等情况也不会干扰信号的传输。

2. 脉冲位置调制

脉冲位置调制（Pulse Position Modulation，PPM）将多通道数值连续合并到一个通道中，用两个高电平的宽度来表示每一个通道的数值。改变了 PWM 中每条物理连接线只传输一路信号的方式，在需要集中获取多通道数值用于其他地方时更方便易行，例如遥控器之间使用教练模式时，需要使用 PPM 信号进行连接；或者将接收机信号传输至飞行控制器时，也需要使用 PPM 信号进行连接。若采用 PWM 信号将会导致连接设备更加烦琐，不如 PPM 使用起来简洁。

3. SBUS 串行通信协议

串行总线（Serial Bus，SBUS）是全数字化接口总线，SBUS 串行通信协议使用数字通信接口作为其硬件协议，搭配专用的软件协议进行通信，适合应用于单片机系统中。串行总线使用的是 TTL 的反向电平，即高电平为"0"，低电平为"1"。该通信协议可以直接与飞行控制器相连，也可以与多个设备连接，这些设备通过 Hub 与串行总线相连，由此获得各自的控制信息。使用串行总线获取通道数据的方式，效率更高且节省硬件资源，一根线即可获取所有通道的数据。

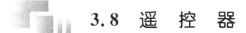 **3.8　遥　控　器**

四旋翼无人机所使用到的遥控器类似于日常家用电视遥控器和空调遥控器的样式，无须接触到被控设备。图 3-20 所示为 Futaba 遥控器。手持遥控器发射端，使用无线电进行通信，来达到对被控设备的控制。遥控器在使用前需要和接收机进行对频操作，而后遥控器将操纵杆移动量转换为无线电波发送至接收机，接收机读取到无线电波后再将其转换为数字信号传输至飞行控制器中进行控制操作。

图 3-20　Futaba 遥控器

　　目前市面上的遥控器大都采用的无线电频率为 2.4 GHz（即工作频段为 2.4～2.483 GHz），该频率的无线电波波长长，可以达到更远的通信距离。通常遥控器功率约为 100 mW 时，接收端距离能达到 1 km 以上，是控制四旋翼无人机的必要设备之一。如今 2.4 GHz 无线技术得到广泛应用，例如 WiFi、蓝牙等都使用了 2.4 GHz 频率段，使用范围的不同取决于其采用的协议不同，导致传输速率各有差异。

　　遥控器的分类较为简单，主要分为左手油门（如图 3-21(a)所示）和右手油门（如图 3-21(b)所示）。如图所示的遥控器中，左右两个控制杆共四个方向，分别对应第一通道滚转、第二通道俯仰、第三通道油门、第四通道航向。除此四个基本通道之外，还有其他辅助通道，设置在遥控器上面板及侧面板位置，由拨杆或者旋钮组成。这些辅助通道主要控制四旋翼无人机的起飞开关和相机快门等功能，并且这些辅助通道通常可以在遥控器端进行

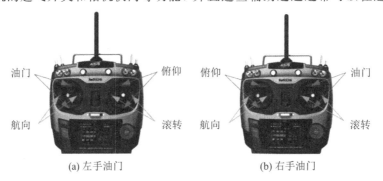

(a) 左手油门　　　　　　　　　　　　(b) 右手油门

图 3-21　遥控器分类

再次设定，根据需要可以调节到适应的功能，同样辅助通道也会读取操作数据后发送至接收机进而传输到飞行控制器中对四旋翼无人机执行相应的操作。

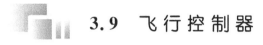

3.9　飞行控制器

3.9.1　飞行控制器简介

　　飞行控制器(Flight Controller，FC)是四旋翼无人机完成起飞、巡航、执行任务和返回降落等飞行过程的核心部分，被称为四旋翼无人机的大脑。飞行控制器通常由微控制单元(Microcontroller Unit，MCU)和惯性测量单元(Inertial Measurement Unit，IMU)组成，可实现四旋翼无人机的姿态控制、定位控制以及设备管理等功能，使四旋翼无人机能够达到半自动以及自动飞行的目的。MCU 的性能对于飞行控制器很重要，其中关键的指标是主频，这直接决定 MCU 计算的快慢。四旋翼无人机有很多来自 IMU 的数据需要处理，而且还有复杂的控制算法，如果 MCU 的性能不够，那么将直接限制飞行控制器只能够处于一个比较初级的阶段，无法完成更加复杂的功能和精准的控制。

3.9.2　微控制单元

　　飞行控制器的核心部分是微控制单元，STM32F 系列的 MCU 基本上是现在主流飞行控制器的首选，其选择也从最初的 STM32F1 微控制单元到了性能更高的 STM32F3 微控制单元。目前较为普及的飞行控制器通常选择性能更高的 STM32F4 和 STM32F7 微控制单元。

　　ARM 公司在经典处理器 ARM11 架构之后，为满足不同需求的 CPU 使用，之后的内核架构命名都改为 Cortex，并分成了 A、R、M 三类(即将 ARM 的三个字母拆分为三个架构的名)。A、R、M 代表着不同的发展方向，如 A 系列处理器可托管丰富的 OS 平台以及提供全方位的解决方案；R 系列处理器为实时处理器，要求可靠性、可用性、可维护性和实时响应的嵌入式系统提供解决方案；M 系列处理器是可向上兼容的高效能、易于使用的处理器。这些处理器旨在满足将来嵌入式的需要，这些需要包括低成本、不断增加的连接、代码改善移植等。飞行控制器通常选用 Cortex-M 内核的 STM32 微控制单元，这种微控制单元主要是针对嵌入式产品需求而设计的。接下来介绍三种 STM32 微控制单元：STM32F303 微控制单元、STM32F405 微控制单元和 STM32F722 微控制单元。

1. STM32F303 微控制单元

STM32F303 微控制单元是采用运行于 72 MHz 工作频率下的 Cortex-M4 内核(带

FPU 和 DSP 指令)的混合信号 MCU，这是 STM32F30x 系列中集成最多功能的微控制单元，适用于 F3 系列飞行控制器(如图 3-22 所示)。该微控制单元的工作电压范围为 2～3.6 V，存储器范围为(32～512)KB，封装的引脚个数为 32～144。

图 3-22　F3 系列飞行控制器

2. STM32F405 微控制单元

STM32F405 微控制单元是针对小至 4 mm×4.2 mm 的封装模块内实现高集成度、高性能、嵌入式存储器和外设的微控制单元。STM32F405 采用了工作频率为 168 MHz 的 Cortex-M4 内核(具有浮点单元)，可实现零等待执行，适用于 F4 系列飞行控制器(如图 3-23 所示)，是 STM32F303 微控制单元的升级版本。在 168 MHz 的频率下，该微控制单元采用意法半导体 90 nm 工艺和 ART 加速器，具有动态功耗调整功能，能够在运行模式下和 Flash 存储器执行时实现超低功耗，并具有出色的创新型外设。该微控制单元的存储器范围为 512 KB～1MB，封装的引脚个数为 64～144。

图 3-23　F4 系列飞行控制器

3. STM32F722 微控制单元

STM32F722 微控制单元采用了工作频率高达 216 MHz 的 Cortex-M7 内核(具有浮点单元),这得益于意法半导体的 ART 加速技术,并可实现零等待执行,适用于 F7 系列飞行控制器(如图 3-24 所示),是 STM32F405 微控制单元的升级版本。L1 Cache(一级高速缓存)使得在使用外部存储器时也不会让芯片的性能下降。该系列产品采用意法半导体 90 nm 工艺和 ART 加速器,具有动态功耗调整功能,能够在运行模式下和从 Flash 存储器执行时实现 7CoreMark/mW 的能效(1.8 V 电压条件下);在停止模式下,典型工作电流为 100 μA。该系列配备专有代码读取保护功能,片上闪存容量为 256~512 KB,SRAM 存储容量最高达 256 KB,封装的引脚个数为 64~176。

图 3-24 F7 系列飞行控制器

3.9.3 飞行控制器的主要功能

1. 控制飞行状态

四旋翼无人机在巡航过程中共有十五种状态量,分别为三维的位置、三维的速度、三维的加速度、三轴的角度和三轴的角速度。由于四旋翼无人机本身就是一种不稳定系统,需要不断调整和分配各个电机的动力输出。无论是四旋翼无人机的定点悬停还是巡航执行任务时,飞行控制器都会实时监控这十五种状态量,并进行相应的串级控制,以保证平稳飞行。

在控制飞行状态时,首先要准确地获取这一系列状态量,这就需要传感器发挥相关的数据采集作用。通常需要利用 IMU 和 MCU 的功能来获取相关数据。例如,使用 IMU 来测量四旋翼无人机三轴的加速度和三轴的角速度，通过计算获得飞行速度和位置；使用气压计来测量海拔；使用地磁指南针来测量飞行航向等。

2. 高精度组合导航

随着四旋翼无人机使用的普及，对其相关功能的要求也越来越高，以至于基础的传感器无法满足相关飞行的精度需求。现在市面上主流的四旋翼无人机大都加入了先进的视觉传感器、超声波传感器以及 IMU 冗余导航系统等，能够结合各个传感器的不足之处，做到优势互补。而且通过信息融合技术，在某一个传感器发生故障或误差较大时能够自动切换至另一个备用传感器来执行相关任务，这极大地提高了组合导航的精确度和稳定性。

3. 控制飞行性能

由于飞行控制器的存在，四旋翼无人机在普通飞行状态下能够拥有更高的控制精度和稳定的飞行速度。在高速飞行时通过飞行控制器对动力系统的调节，四旋翼无人机也具有稳定的飞行速度和较快的响应速度。除此之外，在四旋翼无人机定点悬停或者慢速的起飞降落过程中，飞行控制器对飞行性能的把控也具有极高的精度。在特殊情况时，飞行控制器也能够及时处理相关事件。例如，出现射桨或者受到外界撞击等情况时，飞行控制器能及时根据外部情况做出相应的调整，具有很强的恢复能力和鲁棒性，能应对极端事件的发生，这保障了整个四旋翼无人机的安全系数。

4. 诊断设备故障

在四旋翼无人机飞行过程中，微小的故障经过长久的累积也可能导致事故的发生，于是便出现了飞行控制器对设备故障的实时监测，能够大幅降低事故发生的概率。飞行控制器能够完成对电压、电流、温度、电机转速等重要飞行参数的监测，一旦某一项参数超过飞行控制器所预先设定的数据值时，便会引发报警系统并对四旋翼无人机强制执行降落措施，以防出现更大的故障。同时飞行控制器也能够在起飞前进行全面的检测，对故障进行预报或应急处理，使得飞行过程更加高效和安全。

本 章 小 结

本章从四旋翼无人机的结构设计入手，通过介绍机架、电机、电子调速器、电源模块、螺旋桨、接收机、遥控器以及飞行控制器这八个部分，对四旋翼无人机系统的结构和原理进行了详细的说明。

习　题

1. 简述四旋翼无人机的特点，与传统的固定翼飞行器相比有何不同之处？
2. 简述四旋翼无人机的基本结构。
3. 电机有哪些分类？各类电机的区别有哪些？
4. 一颗电机 2216 1150kV 40A 85g，这些数据分别代表着什么？
5. 电调的工作原理是什么？
6. 电池通常分为哪几类？它们之间的区别是什么？
7. 四旋翼无人机起飞前需要做好哪些自检工作？
8. 遥控器有哪些基本通道？接收机通信标准分为哪几类？
9. 飞行控制器由哪几部分组成？分别具有哪些功能？

第4章 四旋翼无人机的模型构建

4.1 引　　言

　　模型构建是用模型对系统的因果关系或相互关系进行描述的过程。它是一种对系统进行研究的重要手段，许多系统的研究都是以建模为前提来进行的。数学模型是研究和掌握系统运动规律的有力工具，也是分析、设计、预测和控制实际系统的基础。通过数学模型，可以把复杂的问题简单化，抽象的问题形象化。通过调查、收集资料、观察和研究实际对象的固有特征和内在规律，抓住问题的主要矛盾，建立起反映实际问题的数量关系，然后利用数学的理论和方法去分析和解决问题。在对系统运动规律进行研究的时候，数学模型是一个不可缺少的工具，对于四旋翼无人机系统，通常都是先建立系统的数学模型，然后再分析和研究系统，并建立动力学方程进行数学仿真。模型是研究、设计、仿真试验和应用的基础。建立一个能表征四旋翼无人机系统特征的数学模型是运用控制理论设计控制器或最优控制律的关键和前提，能够表征出四旋翼无人机特征的数学模型非常重要。

4.2 四旋翼无人机的坐标系描述

　　在研究四旋翼无人机的飞行运动时，为了描述其在空间中的位置信息、姿态信息以及飞行轨迹，在建立运动方程时，需要参照特定的坐标系，通常有机体坐标系、地理坐标系等。坐标系建立的目的是描述清楚坐标系中各个变量之间的关系。如果无人机以地球为参照，则确定位置信息和姿态信息就要用到地面坐标系；如果要对无人机本身姿态的变化进行描述，通常使用机体坐标系；如果是为了简化坐标系间的转化，则通常使用惯性坐标系。合理选择不同的坐标系来定义四旋翼无人机角运动和线运动的参数，对于飞行控制系统设计与研究有重要的意义。只有选用了合适的坐标系，才能确切地描述四旋翼无人机的运动状态。接下来介绍两种主要的坐标系，即地面坐标和机体坐标系。

1. 地面坐标系

　　地面坐标系固定于地球表面，由 x 轴、y 轴和 z 轴三个坐标轴组成。首先在地面上选定一个原点 o，使得 x 轴指向地球表面的任意一个方向。z 轴沿着铅直方向指向地心，y 轴在水平面内与 x 轴垂直，通过右手定则来确定指向。地面坐标系示意图如图 4-1(a) 所示。假设可以忽略地球的自转运动和地球质心的曲线运动，那么该地面坐标系与惯性坐标系相等。四旋翼无人机的姿态、速度和角速度等数据都是相对于地面坐标系来衡量的。

2. 机体坐标系

　　机体坐标系固定在四旋翼无人机上，它是一个三维正交直角坐标系并且遵循右手定则。原点 o 位于四旋翼无人机的质心处，x 轴在飞机的对称平面内，并且平行于四旋翼无人机的设计轴线，指向机头前方。y 轴垂直于机身对称平面，并指向机身右方。z 轴在四旋翼无人机对称平面内，与 xoy 平面垂直，并指向四旋翼无人机的下方。机体坐标系示意图如图 4-1(b) 所示。

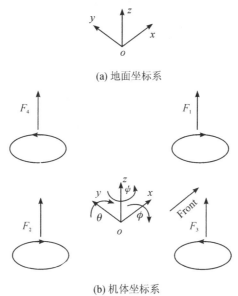

图 4-1　地面坐标系和机体坐标系示意图

 4.3　四旋翼无人机的姿态描述

从四旋翼无人机飞行要求来看，应具备空间中六个自由度和四个可控的基本运动状态。机体坐标系与地面坐标系的关系可以用三个欧拉角表示，分别是俯仰角（pitch angle）θ、滚转角（roll angle）ϕ 和偏航角（yaw angle）ψ，其定义见表 4-1。六个自由度包括 x、y、z 方向上的线位移和俯仰角、滚转角及偏航角三个姿态角；四个可控的基本运动状态包括 x、y、z 方向上的线位移与水平转动，即偏航角的变化。

表 4-1　姿态角的定义

姿态角	定　义
俯仰角 θ	当四旋翼无人机机体绕 y 轴旋转一定角度后，x 轴与水平面之间所形成的夹角为俯仰角
滚转角 ϕ	当四旋翼无人机机体绕 x 轴旋转一定角度时，机体 z 轴与通过机体 x 轴的铅垂面间的夹角为滚转角
偏航角 ψ	当四旋翼无人机在向前运动的过程中出现偏航运动时，机体 x 轴在水平面上的投影与地理轴 x 之间的夹角为偏航角

　　飞行过程中，四旋翼无人机可以看作是刚体结构，其运动可以由平动和转动合成。四旋翼无人机的运动通过六个独立变化的坐标变量来描述，其中三个变量用来确定基点的位置，另外三个变量用来完成围绕基点的转动。姿态参数如图 4-2 所示。

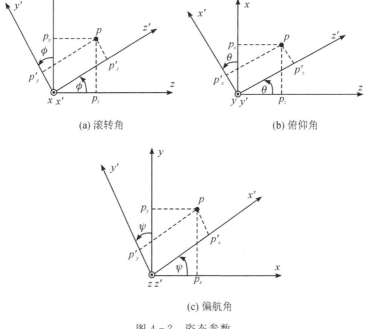

(a) 滚转角　　　　　　　　　(b) 俯仰角

(c) 偏航角

图 4-2　姿态参数

当四旋翼无人机没有发生姿态运动时，机体坐标系与地面坐标系重合，假设 ϕ 发生变化，可得

$$\begin{bmatrix} X \\ Y \\ Z \end{bmatrix} = \begin{bmatrix} 1 & 0 & 0 \\ 0 & \cos\phi & -\sin\phi \\ 0 & \sin\phi & \cos\phi \end{bmatrix} \begin{bmatrix} x \\ y \\ z \end{bmatrix} \tag{4.1}$$

进而可得四旋翼无人机在滚转角发生变化时，机体坐标系与地面坐标系的转换矩阵为

$$\boldsymbol{R}(x,\phi) = \begin{bmatrix} 1 & 0 & 0 \\ 0 & \cos\phi & -\sin\phi \\ 0 & \sin\phi & \cos\phi \end{bmatrix} \tag{4.2}$$

同理可得，四旋翼无人机俯仰角及偏航角发生变化时，两个坐标系的转换矩阵为

$$\boldsymbol{R}(y,\theta) = \begin{bmatrix} \cos\theta & 0 & \sin\theta \\ 0 & 1 & 0 \\ -\sin\theta & 0 & \cos\theta \end{bmatrix} \tag{4.3}$$

$$\boldsymbol{R}(z,\psi) = \begin{bmatrix} \cos\psi & -\sin\psi & 0 \\ \sin\psi & \cos\psi & 0 \\ 0 & 0 & 1 \end{bmatrix} \tag{4.4}$$

结合三个姿态角的变化，联立矩阵实现四旋翼无人机在飞行过程中三个角度的变换，可得四旋翼无人机的转换矩阵为

$$\boldsymbol{R}_{(\phi,\theta,\psi)} = \boldsymbol{R}_\phi \boldsymbol{R}_\theta \boldsymbol{R}_\psi \tag{4.5}$$

根据式(4.2)～式(4.5)可得

$$\boldsymbol{R}_{(\phi,\theta,\psi)} = \begin{bmatrix} \cos\theta\cos\psi & \sin\theta\sin\phi\cos\psi - \sin\psi\cos\phi & \sin\psi\sin\phi + \sin\theta\cos\phi\cos\psi \\ \sin\psi\cos\theta & \cos\phi\cos\psi + \sin\theta\sin\phi\sin\psi & \sin\theta\sin\psi\cos\phi - \sin\phi\cos\psi \\ -\sin\theta & \sin\phi\cos\theta & \cos\theta\cos\phi \end{bmatrix} \tag{4.6}$$

 # 4.4　四旋翼无人机的数学建模

4.4.1　建模的方法和步骤

对四旋翼无人机进行系统分析，需要建立相应的数学模型。建模方法多种多样，具体步骤和过程没有固定模式，通常建模的方式与需要研究的实际问题及目的有关，步骤如下。

（1）建模准备。首先需要了解建立模型的背景信息，明确建模的主要目的，然后收集一些建模相关的资料和信息，尽可能多地掌握研究对象的特征，为后续建模方式的选取做好

准备工作。

（2）模型简化。根据所掌握的研究对象的特征和建模的主要目的，对模型完成合理的简化是建模的关键。由于建模所涉及的因素很多，如果将其全部考虑在内的话会大幅增加建模的难度，也可能导致建模的失败。因此，需要抓住所研究的对象的核心特征，考虑研究对象的主要因素和关键点，忽略对反映客观真实情况影响不大的因素，让非线性的数学模型转化为线性的数学模型。在保证一定精度的条件下，尽可能进行简化，做到数据易采集和处理。

（3）模型构建。根据所研究对象的自身规律和因果关系，利用内在的规律和适当的数学工具，构造各个量间的等式关系或其他数学结构。可以根据不同对象的某些相似性，借用已知领域的数学模型来对所研究对象完成模型的构建，例如固定翼飞行器的数学模型。除此之外，还需要注意尽量采用简单的数学工具，使模型更加可行且易懂。

（4）模型求解。模型求解的数学方法很多，例如解方程、逻辑运算、数值运算等。模型的成功建立通常需要大量复杂的计算，或者需要借助软件对系统的运行情况进行模拟。

（5）模型分析。对模型进行数学分析，需要根据研究对象的性质分析变量之间的相互作用关系以及对象的稳定情况，由此得到最优决策或控制方案。只有对模型做出细致合理的分析，才能使模型变得精确无误，这也决定了模型档次的高低。

（6）模型检验。将数学分析的结果与实际结果进行对比分析，并用实际的现象、数据与之比较，检验模型是否正确。若出现与实际不符合的偏差，应该对模型进行相应的修改，并重新进行建模，经过几次检验，不断完善模型，直至结果符合预期。

（7）模型应用。经过反复检验和实际应用，最终建立的模型获得认可，并能够应用于实际的研究对象上。

建模步骤的示意图如图 4-3 所示。

4.4.2 四旋翼无人机的模型简化

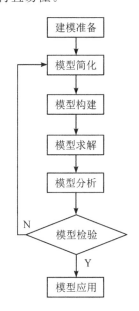

图 4-3 建模步骤的示意图

由于四旋翼无人机的飞行环境复杂，其动力学特性也非常复杂，且飞行环节十分烦琐，不便建立特别精确的数学模型，因此在建模时需要对四旋翼无人机和飞行环境进行简化，通常可通过作出一系列假设条件来完成模型的简化。假设条件具体如下：

（1）将地面坐标系视为一个惯性坐标系（忽略地球曲率、自转及公转影响）；

（2）将四旋翼无人机视为刚体，且四旋翼无人机的结构完全对称，其结构、转动惯量等物理因素都不会改变；

（3）地面坐标系的原点与四旋翼无人机的质心和机体坐标系的原点重合；

（4）在四旋翼无人机飞行的过程中忽略风速、风力的干扰；

（5）四旋翼无人机所受阻力和重力基本保持不变；

（6）忽略空气摩擦等外界因素的影响。

4.4.3 动力学建模

四旋翼无人机的运动方式可以划分为线运动和角运动两种。四旋翼无人机的四个旋翼产生的转动力矩不相同，使得四旋翼无人机飞行时的姿态角发生变化。当姿态角发生变化时，四个旋翼提供的升力会在水平方向产生分力，从而完成水平空间的线运动。同时增大或减小旋翼提供的升力，则可以完成竖直方向上垂直空间的线运动。

1. 线运动模型

设地面系正交基为$(\boldsymbol{b}_1, \boldsymbol{b}_2, \boldsymbol{b}_3)^{\mathrm{T}}$，机体系正交基为$(\boldsymbol{i}, \boldsymbol{j}, \boldsymbol{k})^{\mathrm{T}}$，两正交基与转换矩阵的关系表示为

$$\begin{bmatrix} \boldsymbol{b}_1 \\ \boldsymbol{b}_2 \\ \boldsymbol{b}_3 \end{bmatrix} = \boldsymbol{R} \begin{bmatrix} \boldsymbol{i} \\ \boldsymbol{j} \\ \boldsymbol{k} \end{bmatrix} \tag{4.7}$$

分析四旋翼无人机的运动模型

$$\boldsymbol{T}_{\mathrm{B}} = \left(\sum_{i=1}^{4} T_i \right) \boldsymbol{b}_3 = \left(\sum_{i=1}^{4} K_{\mathrm{t}} w_i^2 \right) \boldsymbol{b}_3 \tag{4.8}$$

其中，$w_i (i=1, 2, 3, 4)$为各电机转速，K_{t}为各电机提供的升力系数，$T_i (i=1, 2, 3, 4)$为各电机模型。坐标系之间的转换矩阵$\boldsymbol{R}_{\psi}$表示为

$$\boldsymbol{R}_{\psi} = \begin{bmatrix} \cos\psi\sin\theta\cos\phi + \sin\psi\sin\phi \\ \sin\psi\sin\theta\cos\phi - \sin\phi\cos\psi \\ \cos\theta\cos\phi \end{bmatrix} \tag{4.9}$$

根据式（4.8）和式（4.9），四旋翼无人机的运动模型的垂直上升力为

$$\boldsymbol{T}_{\mathrm{B}} = \left(\sum_{i=1}^{4} K_{\mathrm{t}} w_i^2 \right) \begin{bmatrix} \cos\psi\sin\theta\cos\phi + \sin\psi\sin\phi \\ \sin\psi\sin\theta\cos\phi - \sin\phi\cos\psi \\ \cos\theta\cos\phi \end{bmatrix} \cdot k \tag{4.10}$$

四旋翼无人机自身重力与环境阻力可以表示为

$$\boldsymbol{G}_{\mathrm{B}} = mg k \tag{4.11}$$

$$\boldsymbol{f}_{\mathrm{B}} = \begin{bmatrix} \boldsymbol{i} & \boldsymbol{j} & \boldsymbol{k} \end{bmatrix} \begin{bmatrix} f_x \\ f_y \\ f_z \end{bmatrix} \tag{4.12}$$

根据牛顿定律 $\textbf{F} = m\textbf{a}$，可得垂直上升合力为 1。

$$\textbf{F} = m\textbf{a} = m\frac{\mathrm{d}\textbf{\textit{v}}}{\mathrm{d}t} = m\frac{\mathrm{d}^2\textbf{\textit{r}}}{\mathrm{d}t^2} \tag{4.13}$$

式(4.13)可表示为

$$\textbf{F} = \textbf{T}_B - \textbf{G}_B - \textbf{f}_B \tag{4.14}$$

$$\textbf{F} = \left(\sum_{i=1}^{4} K_t w_i^2\right)[\textbf{\textit{i}} \quad \textbf{\textit{j}} \quad \textbf{\textit{k}}] \begin{bmatrix} \cos\psi\sin\theta\cos\phi + \sin\psi\sin\phi \\ \sin\psi\sin\theta\cos\phi - \sin\phi\cos\psi \\ \cos\theta\cos\phi \end{bmatrix} - mg\textbf{\textit{k}} - [\textbf{\textit{i}} \quad \textbf{\textit{j}} \quad \textbf{\textit{k}}]\begin{bmatrix} f_x \\ f_y \\ f_z \end{bmatrix} \tag{4.15}$$

对等式(4.13)右侧进行推导为

$$m\textbf{a} = m\frac{\mathrm{d}\textbf{\textit{v}}}{\mathrm{d}t} = m\frac{\mathrm{d}^2\textbf{\textit{r}}}{\mathrm{d}t^2} = m[\textbf{\textit{i}} \quad \textbf{\textit{j}} \quad \textbf{\textit{k}}]\begin{bmatrix} \ddot{x} \\ \ddot{y} \\ \ddot{z} \end{bmatrix} \tag{4.16}$$

根据上述算式可得

$$\left(\sum_{i=1}^{4} K_t w_i^2\right)\begin{bmatrix} \cos\psi\sin\theta\cos\phi + \sin\psi\sin\phi \\ \sin\psi\sin\theta\cos\phi - \sin\phi\cos\psi \\ \cos\theta\cos\phi \end{bmatrix} - \begin{bmatrix} 0 \\ 0 \\ mg \end{bmatrix} - \begin{bmatrix} f_x \\ f_y \\ f_z \end{bmatrix} = m\begin{bmatrix} \ddot{x} \\ \ddot{y} \\ \ddot{z} \end{bmatrix} \tag{4.17}$$

将以上方程整理可以得到四旋翼无人机的运动模型质量中心的线运动方程为

$$\begin{cases} \ddot{x} = U_1(\sin\theta\cos\psi\cos\phi + \sin\psi\sin\phi - f_x)/m \\ \ddot{y} = U_1(\sin\theta\cos\psi\cos\phi - \cos\psi\sin\phi - f_y)/m \\ \ddot{z} = U_1(\cos\theta\cos\phi - f_z - mg)/m \end{cases} \tag{4.18}$$

其中，U_1 为垂直方向的控制输入。

2. 角运动模型

四旋翼无人机可视为刚体，合力矩用 $\textbf{M}$ 表示，角动量用 $\textbf{H}$ 表示，由刚体质心动量矩定理得

$$\textbf{M} = \frac{\mathrm{d}\textbf{H}}{\mathrm{d}t} \tag{4.19}$$

在运动模型坐标系中，结合电机旋转与旋翼陀螺力矩来表示式(4.19)可得

$$\textbf{M}_b = \left.\frac{\mathrm{d}\textbf{H}}{\mathrm{d}t}\right|_b + \textbf{\textit{w}} \times \textbf{H} \tag{4.20}$$

其中，w 为四旋翼无人机的角速度矢量。运动模型在空间中飞行时，合外力矩可分解为三部分：M_1 为俯仰力矩，M_2 为横滚力矩，M_3 为偏航力矩，可得

$$M_b = M_1 + M_2 + M_3 \tag{4.21}$$

$$\begin{cases} M_1 = l(T_4 - T_2)b_1 \\ M_2 = l(T_3 - T_1)b_2 \\ M_3 = K_d(w_1^2 - w_2^2 + w_3^2 - w_4^2)b_3 \end{cases} \tag{4.22}$$

其中，K_d 为空气阻力的转矩，w_i 为旋翼转动的速率，l 为四旋翼无人机的轴距，所以

$$M_b = M_1 + M_2 + M_3 = (b_1, b_2, b_3) \begin{bmatrix} l(T_4 - T_2) \\ l(T_4 - T_2) \\ K_d(w_1^2 - w_2^2 + w_3^2 - w_4^2) \end{bmatrix} \tag{4.23}$$

对于式(4.20)，可以把动量矩 H 分解为

$$H = I \times w + J_{TP} \Omega b_3 \tag{4.24}$$

$$\Omega = (w_2 + w_4 - w_1 - w_3) \tag{4.25}$$

其中，J_{TP} 为转动惯量，Ω 为角速度的和。

四旋翼无人机结构是严格对称的，它的分量矩阵表示为

$$I = \begin{bmatrix} I_x & 0 & 0 \\ 0 & I_y & 0 \\ 0 & 0 & I_z \end{bmatrix} \tag{4.26}$$

其中，I 为惯性力矩。w 也可以表示为

$$w = (b_1, b_2, b_3) \begin{bmatrix} w_x \\ w_y \\ w_z \end{bmatrix} = (b_1, b_2, b_3) \begin{bmatrix} \dot{\psi}\sin\phi\sin\theta + \dot{\theta}\cos\phi \\ \dot{\psi}\cos\phi\sin\theta + \dot{\theta}\sin\phi \\ \phi + \psi\cos\theta \end{bmatrix} \tag{4.27}$$

因此，将式(4.25)和式(4.26)代入式(4.24)可得

$$H = (b_1, b_2, b_3) \begin{bmatrix} I_x w_x \\ I_y w_y \\ I_z w_z \end{bmatrix} + (b_1, b_2, b_3) \begin{bmatrix} 0 \\ 0 \\ J_{TP}(w_2 + w_4 - w_1 - w_3) \end{bmatrix} \tag{4.28}$$

根据式(4.27)和式(4.28)，可将式(4.20)表示为

$$\left.\frac{dH}{dt}\right|_b + w \times H = (b_1, b_2, b_3) \begin{bmatrix} I_x \dot{w}_x + (I_z - I_y)w_y w_z + J_{TP}\Omega w_y \\ I_y \dot{w}_y + (I_x - I_z)w_x w_z + J_{TP}\Omega w_x \\ I_z \dot{w}_z + (I_y - I_z)w_x w_y \end{bmatrix} \tag{4.29}$$

最后，将式(4.23)和式(4.29)代入式(4.20)得到

$$(\boldsymbol{b}_1, \boldsymbol{b}_2, \boldsymbol{b}_3) \begin{bmatrix} l(T_4 - T_2) \\ l(T_3 - T_1) \\ K_d(w_1^2 + w_2^2 + w_3^2 + w_4^2) \end{bmatrix} = (\boldsymbol{b}_1, \boldsymbol{b}_2, \boldsymbol{b}_3) \begin{bmatrix} I_x \dot{w}_x + (I_z - I_y)w_y w_z + J_{TP}\Omega w_y \\ I_y \dot{w}_y + (I_x - I_z)w_x w_z - J_{TP}\Omega w_x \\ I_z \dot{w}_z + (I_y - I_z)w_x w_y \end{bmatrix}$$

$$(4.30)$$

由行列式各项一对一的关系，结合

$$\begin{cases} w_x = \dfrac{[l(T_4 - T_2) + (I_y - I_z)w_y w_z - J_{TP}\Omega w_y]}{I_x} \\[3mm] w_y = \dfrac{[l(T_3 - T_1) + (I_z - I_x)w_x w_z - J_{TP}\Omega w_x]}{I_y} \\[3mm] w_z = \dfrac{[K_d(-w_1^2 + w_2^2 - w_3^2 + w_4^2) + (I_x - I_y)w_x w_y]}{I_z} \end{cases}$$

$$(4.31)$$

结合式(4.27)，可以导出四旋翼无人机的角运动模型为

$$\begin{cases} \ddot{\phi} = \dfrac{I_y - I_z}{I_x}\dot{\psi}\dot{\theta} + \dfrac{U_2}{I_x} - \dfrac{J_{TP}}{I_x}\dot{\theta}\Omega \\[3mm] \ddot{\theta} = \dfrac{I_z - I_x}{I_y}\dot{\psi}\dot{\theta} + \dfrac{U_3}{I_y} - \dfrac{J_{TP}}{I_y}\dot{\phi}\Omega \\[3mm] \ddot{\psi} = \dfrac{I_x - I_y}{I_z}\dot{\theta}\dot{\phi} + \dfrac{U_4}{I_z} \end{cases}$$

$$(4.32)$$

4.4.4 转子动力学建模

转子由无刷电机驱动，通常为直流电流。根据电枢回路中的电压平衡方程和电机轴上的转矩平衡方程，建立转子动力学模型，即

$$L\frac{\mathrm{d}i}{\mathrm{d}t} = u - Ri - C_e \omega_m \tag{4.33}$$

$$J_m \frac{\mathrm{d}\omega_m}{\mathrm{d}t} + f_m \omega_m = M_m - M_{load} \tag{4.34}$$

其中，i 表示电枢回路中产生的电枢电流；u 表示电机输入的电枢电压；R 表示电机内阻；C_e 表示反电势系数；J_m 表示电机和负载折合到电机轴上的转动惯量；ω_m 表示电机转速；f_m 表示电机和负载折合到电机轴上的黏性摩擦系数；M_m 表示电枢电流产生的电磁转矩 $M_m = C_m i$；M_{load} 表示电机负载转矩。

四旋翼无人机的无刷直流电机电感很小，可近似为二阶无刷直流电机，其动力学模型为

$$J_m \frac{\mathrm{d}\omega_m}{\mathrm{d}t} = -\frac{C_m^2}{R_m}\omega_m - M_c + \frac{C_m}{R_m}u \tag{4.35}$$

其中，C_m 表示电机转矩常数，M_c 为总负载转矩。

由于负载力矩只有旋翼和部分零件之间相对运动导致摩擦生热，这部分可以忽略。则

$$M_c = \mathrm{d}\omega_{\text{propellor}}^2 = \mathrm{d}\omega_m^2 \tag{4.36}$$

其中，d 是旋翼的阻力系数。

引入旋翼，式(4.35)可以改写成

$$
\begin{cases}
\omega_m = -\dfrac{\omega_m}{\tau} - \dfrac{\mathrm{d}\omega_m^2}{J_m} + \dfrac{u}{C_m\tau} \\
\dfrac{1}{\tau} = \dfrac{C_m^2}{RJ_m}
\end{cases}
\tag{4.37}
$$

其中，τ 是电机的时间常数。

式(4.37)在运行点 $\dot{\omega}_0$ 处写成线性化的形式，A、B、C 为中间系数。

$$
\begin{cases}
\dot{\omega}_m = -A\omega_m + Bu + C \\
A = \dfrac{1}{\tau} + \dfrac{2\mathrm{d}\omega_0}{J_m},\ B = \dfrac{1}{C_m\tau},\ C = \dfrac{\mathrm{d}\omega_0^2}{J_m}
\end{cases}
\tag{4.38}
$$

本 章 小 结

本章以四旋翼无人机的坐标系描述和姿态描述入手，重点介绍了四旋翼无人机的建模方法、步骤及四旋翼无人机的运动方程。本章还介绍了四旋翼无人机的模型简化，在运动方程中，详细地介绍了四旋翼无人机的动力学模型，让读者对四旋翼无人机的模型构建有了一定的认识。

习　　题

1. 在建立运动方程时，通常有哪几种坐标系？
2. 四旋翼无人机的姿态角包括哪三个？各用什么符号表示？
3. 请画出建模步骤的示意图。
4. 四旋翼无人机的模型简化需要哪些条件？
5. 四旋翼无人机的运动方式可以划分为哪两种？
6. 水平和竖直空间的线运动是如何完成的？
7. 转子通常由何种电机驱动？采用何种电流驱动？

第5章 四旋翼无人机的传感器

5.1 引　言

　　四旋翼无人机通过传感器实时感知周围的环境、运动状态和位置。传感器可以检测四旋翼无人机的加速度、旋转速度、磁场、高度和位置等关键参数，然后将这些信息传递给飞行控制器，以便飞行控制器可以计算出最优飞行路径和控制指令。四旋翼无人机需要稳定且安全的飞行，传感器可以提供精确的数据来实现这一目标，并确保四旋翼无人机不会受到外部环境的干扰。

　　常用的传感器包括加速度计、陀螺仪、磁力计、高度计和卫星导航系统。这些传感器通常由多个传感器组合而成，以提供更准确和可靠的数据。四旋翼无人机在飞行过程中十分依赖传感器提供的数据和信息，没有这些传感器，四旋翼无人机将无法稳定地悬停和执行复杂任务。

5.2 惯性测量单元

5.2.1　惯性测量单元简介

　　惯性测量单元（Inertial Measurement Unit，IMU）的作用主要是使飞行姿态保持稳定。通常一个惯性测量单元包含三轴陀螺仪和三轴加速度计，用于测量四旋翼无人机的角速度和线加速度。惯性测量单元通过检测四旋翼无人机的角速度和线加速度变化情况，感知四旋翼无人机在空中的姿态，并将数据传输至 MCU 中，基于相应的操作指令及惯性测量数据，MCU 通过相应算法来控制四旋翼无人机稳定飞行。此外，一些 IMU 还包括磁力计，用于检测地球磁场并帮助四旋翼无人机确定飞行方向。

5.2.2　三轴陀螺仪

　　三轴陀螺仪是惯性测量单元的核心敏感器件，是一种用于测量物体角速度的传感器。它通常由三个独立的陀螺仪轴（x、y、z 轴）组成，可以测量物体在每个轴向上的旋转速度，并能够测量六个方向的角速度数据。三轴陀螺仪的工作基于角动量守恒定律。它利用旋转运动中的角动量改变来测量物体的角速度。陀螺仪通常使用微机电系统（Micro-Electro Mechanical System，MEMS）技术来实现，其中包含微小的振动结构。当物体发生旋转时，振动结构受到旋转力的作用而发生微小的振动。这些振动被转换成电信号，并通过电路进行处理和测量，最终得到物体在各个轴向上的角速度。

　　在四旋翼无人机中，三轴陀螺仪用于测量旋转速度，以便飞行控制系统能够感知和响应四旋翼无人机的姿态变化。陀螺仪的输出信号被传输到飞行控制器中进行处理和分析，以实现四旋翼无人机的稳定控制、姿态调整和悬停等功能。一个飞行控制系统通常需要三个陀螺仪来完成六个自由度的测量，其测量精度直接决定了飞行控制系统姿态解算的准确性，一个三轴陀螺仪可以替代三个单轴陀螺仪。三轴陀螺仪体积小、重量轻、结构简单、可靠性好，输出数据几乎没有毛刺，但是有长时间的数据漂移，误差会越来越大，产生低频干扰。

　　影响单轴陀螺仪静态测量精度的主要因素是传感器的零偏误差、刻度系数误差和随机漂移误差，而三轴陀螺仪的测量精度与构成它的各单轴陀螺仪的零偏误差、刻度系数误差、随机漂移误差以及各单轴陀螺仪的敏感轴之间的不正交安装误差相关。相比于单轴陀螺仪，三轴陀螺仪的校准参数更多，校准过程也更为复杂。

　　需要注意的是，三轴陀螺仪测量的是角速度而不是姿态角度。为了得到姿态角度的信息，通常需要使用陀螺仪的输出信号进行积分操作，以获得角度的变化。然而，由于陀螺仪存在累积误差和噪声，长时间积分可能导致姿态角度的漂移，因此通常需要与其他传感器（如加速度计或磁力计）进行融合，以提高姿态测量的精度和稳定性。

5.2.3　三轴加速度计

　　三轴加速度计是一种用于测量物体加速度的传感器。它通常由三个独立的加速度计轴（x、y、z 轴）组成，用于测量物体在各个轴向上的加速度，在未知运动方向时，利用传感器可对四旋翼无人机三个轴的线速度信号进行测量。三轴加速度计的工作基于物体对加速度的响应。三轴加速度计使用微机电系统技术实现，其中包含微小的质量结构和弹簧结构。当物体产生加速度时，质量结构会发生微小的位移或变形，从而产生电信号。这些电信号被传输到飞行控制器中完成处理和分析，以获得物体在各个轴向上的加速度值。三轴加速度计可以测量空间内物体的加速度，能够全面准确地反映四旋翼无人机运动的性质，具有体积小、重量轻的优点，在多个领域都有广泛应用。三轴加速度计与单轴加速度计的设计原理一样，区别在于测量的维度不同。三轴加速度计等同于三个单轴加速度计叠加的效果，只是将空间内四旋翼无人机的加速度在 x、y、z 三个轴上进行分解。

在四旋翼无人机中，三轴加速度计对于飞行控制系统具有重要意义，可以帮助控制器检测四旋翼无人机的加速度变化，并完成姿态稳定、高度控制和动态响应等功能。但是加速度计测量的是物体的加速度而不是速度或位置信息。为了得到速度和位置信息，与陀螺仪相同，通常需要对加速度进行积分操作。同时，由于误差的影响，在实际应用中，需要与其他传感器（如陀螺仪或 GNSS）进行融合，来提高姿态和位置测量的精确度和稳定性。

加速度计的测量过程十分敏感，微小的振动都会被检测到。四旋翼无人机在飞行中电机的高速旋转产生振动，会导致加速度计测量的数据有非常大的高频噪声，只有在静止状态下加速度计的测量数据才能比较准确。因此利用加速度计不漂移和陀螺仪不受振动影响的优点，可以得到较准确的四旋翼无人机的姿态数据。

5.2.4　磁力计

磁力计（Magnetometer）是一种用于测量磁场强度和方向的传感器，可以检测周围环境中的磁场，并输出相应的磁场数据。磁力计的工作基于法拉第电磁感应定律，通常使用霍尔效应或磁阻效应来完成测量。当磁场作用于磁力计时，其内部感应元件会产生电信号，该信号与周围磁场的强度和方向有关。通过测量该电信号，可以推断出磁场特性。

在四旋翼无人机中，磁力计常用于姿态估计和导航控制，通过测量地球的磁场，磁力计可以为四旋转翼无人机提供飞行方向。磁力计利用各向异性磁致电阻或霍尔效应来测量空间中的磁感应强度，提供各轴向的磁场数据；相关数据传输到飞行控制器系统中，通过相应算法，即可得到与磁北极相关的航向角，并进而获得四旋翼无人机的地理方位。另外，还可以使用磁力计实现航向校准，磁力计的准确性和稳定性对于正确的航向估计至关重要。然而，周围的磁场干扰会影响磁力计的测量结果。因此，在使用磁力计之前，通常需要进行航向校准。航向校准的目的是消除磁场干扰并获得准确的磁力计读数。常见的航向校准方法包括硬铁校准和软铁校准。

为了提高姿态估计的精度和稳定性，磁力计数据通常与其他传感器数据进行融合。常见的数据融合方法是使用卡尔曼滤波器或扩展卡尔曼滤波器。这些滤波器将磁力计、陀螺仪和加速度计等传感器的数据进行优化和整合，从而得到更准确和可靠的姿态估计结果。由于地球磁场的不均匀和地理差异，磁力计在不同位置和方向上的读数可能存在差异。因此，在进行磁力计校准之前，通常需要进行地磁校准。地磁校准的目的是将磁力计的读数映射到统一的参考坐标系中，以消除地理和地磁场的影响。

　　磁力计一般不会单独使用，通常配合加速度计和陀螺仪一同解算姿态角的大小。加速度计能够提供倾斜角度数据以补强信息数据，倾斜数据结合磁性数据，通过计算可以得到正确的方位。

　　磁力计对于硬铁、软铁等物质的干扰十分敏感，坚硬且永久性铁磁性物质在靠近传感器时，能使罗盘读数产生永久性偏移。弱铁磁性物质在靠近传感器时，能使磁力计读数产生可变动移位。因此需要使用磁性传感器校正算法，过滤掉这些外部异常的干扰情况。

5.2.5　常用的六轴惯性测量单元（MPU-6050）

　　MPU-6050 是一种常用的六轴惯性测量单元（如图 5-1 所示），它集成了三轴陀螺仪和三轴加速度计，用于测量四旋翼无人机的角速度和线加速度。MPU-6050 也是整合六轴运动的处理组件，可以获得四旋翼无人机的六个自由度的数据，即三个轴的线速度数据和三个轴的角速度数据。根据这六个自由度的数据进行姿态解算，可得到四旋翼无人机的欧拉角。MPU-6050 通过 I^2C（Inter-Integrated Circuit）总线提供数字输出。它可以直接与微控制器或处理器连接，通过读取寄存器中的数据来获取陀螺仪和加速度计的测量值。通过配置和读取寄存器，MPU-6050 可以选择不同的测量范围和采样频率。其还提供了内置的数字滤波器和运动检测功能，可用于减少测量噪声和实现特定的运动检测。

图 5-1　MPU-6050 芯片

　　与多模块组合方案相比，MPU-6050 减少了大量的封装空间，其封装尺寸为 4 mm×4 mm×0.9 mm（QFN）。MPU-6050 内部集成了温度传感器和仅有 ±1% 变动的振荡器。由于其微小的尺寸和适宜的功能，MPU-6050 已经可以替代三轴陀螺仪和三轴加速度计的组合方案，目前已经广泛应用于四旋翼无人机的姿态测量。另外，MPU-6050 具有低功耗模式和可调节的采样频率，能够优化电源管理和系统性能；还具有自动睡眠和唤醒功能，可通过设置相应的寄存器来控制传感器的工作模式和电源消耗。

5.3　导航系统

5.3.1　导航系统简介

导航系统是四旋翼无人机中关键的技术之一。导航定位工作主要由组合定位定向导航系统完成，导航模块实时闭环输出位置信息和姿态信息，为四旋翼无人机提供精确的方向基准和位置坐标，同时根据姿态信息实时对四旋翼无人机的飞行状态进行预测。在目前的导航技术中，大多数采用惯性导航或卫星导航组合的基本导航方式，这种方式能够保证绝大多数场景下的精确度和稳定性。在大型军用四旋翼无人机中，为了能够达到更高的精度，导航系统通常使用光导纤维或激光陀螺搭配石英加速度计组成高精度惯性导航系统；在中小型或民用四旋翼无人机中则采用更轻便小巧且价格更低的 MEMS 器件组成惯性导航系统，与卫星导航融合后，也可以提供一定精度的导航信息。

导航系统通常由 GNSS 和罗盘组成，用于确定四旋翼无人机的位置和方向。GNSS 可以通过接收卫星信号来确定四旋翼无人机的精确位置和速度，从而使四旋翼无人机能够在三维空间中自主飞行和导航。罗盘则可以检测地球磁场，确定四旋翼无人机的方向，并提供准确的航向信息。

5.3.2　导航系统的分类

全球卫星导航系统是在地球表面或近地空间的任何地点为使用者提供全天候地理坐标、速度以及时间等信息的空基无线电导航定位系统。目前全球四大导航系统分别为北斗卫星导航系统(BeiDou Satellite Navigation System，BDS)、全球定位系统(Global Positioning System，GPS)、伽利略卫星导航系统(Galileo Satellite Navigation System)和格洛纳斯导航卫星系统(Global Navigation Satellite System，GLONASS)。

1. 北斗卫星导航系统

我国的北斗卫星导航系统是根据当前国际形势与经济社会发展情况建设的具有自主知识产权、独立管理的全球卫星导航系统。它由空间段、地面段和用户段三部分组成，可为全球用户提供全天候无间断导航和授时服务，并且具备短报文通信能力。

2. 全球定位系统

全球定位系统是迄今为止发展较完善和成功的卫星导航系统，它在全球任何地方以及近地空间都能提供准确的地理位置、行驶速度及精确的时间信息。

3. 伽利略卫星导航系统

伽利略卫星导航系统是全球卫星导航定位系统，该导航系统的运行高度约为 2.4 万千米。该导航系统是全球第一个以民用为目的而设计的，由空间段、环境段、地面段和用户段四部分构成。其具有自成独立体系、能与其他的导航系统实现兼容互动、具备先进性和竞争能力等优势，在民用方面比 GPS 更加稳定、可靠和有效。

4. 格洛纳斯导航卫星系统

格洛纳斯导航卫星系统主要服务内容包括确定陆地、海上和空中目标的坐标及运动速度信息等。该系统由空间卫星、地面站和接收设备三部分组成，可为全球用户在陆地、海上、空中以及近地空间提供各种全天候、连续的导航定位等全方面服务。

5.3.3　北斗卫星导航系统

北斗卫星导航系统（如图 5-2 所示）可在全球范围内全天候、全天时为各类用户提供高精度、高可靠的定位、导航和授时服务，该导航系统的研究与建设彰显了我国的综合国力，明显提升了我国的国际影响力。

图 5-2　北斗卫星导航系统

1. 北斗卫星导航系统的构成

1) 空间段

北斗卫星导航系统的空间段由 5 颗地球静止轨道(GEO)卫星、3 颗倾斜地球同步轨道(IGSO)卫星和 27 颗中圆地球轨道(MEO)卫星等组成,能够保证更高的卫星覆盖率,为用户提供时间基准和空间基准。各导航卫星根据自身运行轨道的差异,其功能略有不同。有的使用推进器调整自身的运行姿态;有的进行部分数据处理,向地面发送导航信息;有的执行地面段发射的控制指令或者接收地面段发射的导航信息。

2) 地面段

北斗卫星导航系统的地面段包括主控站、注入站和监测站等若干地面站,以及星间链路运行管理设施。其主要目的是监视卫星的轨道、时钟等信息。

主控站接收监测站提供的观测数据,利用计算机对数据进行处理,生成广域差分信息和卫星导航电文,随后将数据发送到注入站以完成任务的规划和调度并实现系统的运行控制和管理。主控站是北斗运行控制系统的中枢系统,设有高性能原子时钟系统,并建立系统时间基准,维持全系统的时间同步。通常会设立一个主控站和一个备用主控站。

注入站又称为时间同步站,在主控站的控制下,注入站将广域差分信息和卫星导航电文通过射频传输链路注入各卫星中,并保证传输信息的正确性;同时将主控站发来的控制指令发送至相应的卫星,对有效载荷实现控制和管理。

监测站是一个数据自动采集中心,地面段通常有多个监测站,这些监测站均匀分布。监测站的主要目的是接收卫星发送的观测数据,监测卫星及卫星的运行轨道。监测站由高精度原子钟、多频接收机,以及若干台环境传感器和计算机组成。其中,高精度原子钟能够提供时间标准;多频接收机通过对导航卫星进行连续观测来采集数据和监测卫星的工作状态;环境传感器收集有关当地的气象数据,便于计算气象环境对导航信号的影响程度;计算机对所有观测资料进行初步处理,并存储和传送到主控站。

3) 用户段

北斗卫星导航系统的用户段由上、中、下三条链路组成。上链路为基础产品(如芯片、天线等);中链路是终端产品(如智能手机、车辆导航等);下链路则是与北斗卫星导航系统相关的解决方案、运维服务等行业应用。用户设备的核心部分是用户接收机,其主要由天线、主机、数据处理软件和电源构成。用户段的主要功能是获取定位所需的观测值、接收卫星播发的信号,以及提取导航电文中的广播星历、卫星钟差改正等参数,经过数据处理后完成导航定位工作。

2. 北斗卫星导航系统的发展过程

（1）北斗一号是北斗卫星导航系统的最初版本，又称为北斗导航实验卫星系统。该系统于 2000 年开始建设，2000 年 4 月 14 日发射了首颗北斗一号试验卫星。北斗一号由三颗定位卫星（两颗工作卫星和一颗备份卫星）、地面控制中心和用户终端三部分组成。北斗一号采用双星轨道组网，由两颗倾斜地球同步轨道卫星和一颗近地轨道卫星组成。它提供了全球覆盖的导航信号，然而，相对于后续版本，其信号精度相对较低，主要用于科学研究和技术验证。

（2）北斗二号是北斗卫星导航系统的第二代版本，又称为北斗卫星导航试验系统。该系统在北斗一号的基础上进行了改进和升级。北斗二号于 2011 年开始建设，2012 年启动了预运行阶段，2018 年 12 月底正式宣布系统提供全球服务。北斗二号除了具有与 GPS 类似的定位、导航、授时服务功能，还具有位置报告、通信、区域高精度定位等特殊功能，其由空间星座、地面运控和用户终端三大部分组成。北斗二号采用了三层卫星组网的架构，包括 5 颗 GEO 卫星、3 颗 IGSO 卫星和 27 颗 MEO 卫星。GEO 卫星位于地球赤道平面上，以地球自转周期的时间相对固定的位置进行运行，覆盖全球范围。IGSO 卫星的轨道倾角介于 GEO 卫星和 MEO 卫星之间，以高度倾斜的轨道运行，覆盖更广泛的区域。MEO 卫星位于中圆地球轨道上，提供更高精度和更稳定的导航信号。北斗二号还新增了无源定位机制，可以做到每次定位都由至少 4 颗不共面的卫星测算得到，在使用定位服务时，无须向卫星发射信号，仅接收卫星发来的信号便可以实现定位功能。相较于北斗一号，北斗二号提供了更高精度的导航定位服务，定位精度在米级到厘米级之间，满足了更多应用领域的需求。

（3）北斗三号采用了全球组网的 MEO 卫星配置。MEO 卫星提供了更高的导航精度和更强大的服务能力。北斗三号具有独特的全球性覆盖、全天候工作、无限量用户、高精度服务以及实时动态能力，验证了以高精度星载原子钟、星座自主运行等为代表的卫星载荷关键技术，以轻量化、长寿命、高可靠为典型特征的卫星平台关键技术，基于星地链路、星间链路、全新导航信号体制的导航卫星运行控制关键技术。北斗三号可能提供更多频段和导航信号选项，以增强导航系统的可靠性和鲁棒性；并且进一步增强导航系统的服务能力，包括增加用户容量、提供更多的数据传输能力和支持更复杂的应用场景。与北斗二号相比，北斗三号除了服务区域由区域覆盖扩大到全球覆盖，还在精度和可靠性上有很大的提高。

5.3.4　全球定位系统

GPS 的工作原理基于三角定位和时间差测量。自问世以来，以其高精度、全天候、全球覆盖、方便灵活等优点吸引了众多用户。

1. GPS 的发展历史

GPS 的发展历史可以追溯到 20 世纪 60 年代。1960 年启动了第一个导航卫星项目,并将其命名为"Navy Navigation Satellite System(NNSS)"。1967 年开始研发一种全球导航系统,并将其命名为"Transit"。Transit 系统通过接收低轨道卫星发射的信号来进行导航定位。在 20 世纪 70 年代初,将 Transit 系统升级为全球定位系统,并将其命名为"Navstar GPS"。1978 年,首批 GPS 卫星发射成功,开始进行 GPS 的测试和验证。1980 年,GPS 开始向民用用户开放,这使得民众可以使用 GPS 接收器进行定位和导航。1990 年,GPS 完全实现了初始运行能力(Initial Operational Capability,IOC),可以提供全球的导航服务。1994 年,GPS 开放给全球民用用户,并取消了之前的精确定位限制。1995 年,GPS 的管理和运营转交给民用机构,成立了 GPS 导航系统管理局。1996 年,要求民航飞机配备 GPS,以提高飞行安全性能。2007 年,开始部署第二代 GPS 卫星,称之为 GPS Block IIR-M。2009 年,GPS Block IIF 卫星开始发射,具备更强的信号和导航能力。2011 年,开始部署第三代 GPS 卫星,称之为 GPS Block IIIA。2018 年,首颗 GPS Block IIIA 卫星发射成功,具备更高的导航精度和更强的抗干扰能力。

2. GPS 的构成

GPS 包含三个主体部分:空间部分(卫星星座)、地面控制部分(地面监控系统)、用户部分(信号接收机)。

1) 空间部分

空间部分主要包括卫星和相关设备,用于发送导航信号和提供定位服务。卫星是 GPS 的关键组成部分,当前的 GPS 由多颗卫星组成,其中每颗卫星都具有精确的时钟和导航系统。GPS 卫星采用中圆地球轨道,在高度约为 20 200 km 的轨道上运行并发射导航信号。这种轨道高度既能提供良好的覆盖范围,又能保持卫星相对地球的稳定性。GPS 中的卫星通常以不同的平面和倾斜角度分布在多个轨道上。目前,GPS 的设计目标是将 24 颗卫星均匀地分布在六个不同的轨道上,每个轨道上有 4 颗卫星。每颗 GPS 卫星都具备时钟、导航系统和通信系统三种功能。

由于地球的自转周期与卫星绕地球的公转周期不同,即使位于同一地点,若在不同时间,看到的卫星也是不同的。最多可看到 11 颗,而最少也可看到 4 颗。卫星具体分布情况如图 5-3 所示。

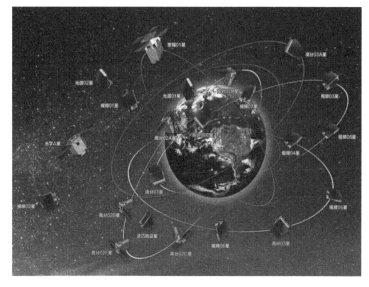

图 5 - 3　GPS 卫星具体分布图

2）地面控制部分

GPS 地面控制部分也是 GPS 的关键组成部分，它包括地面控制站、监测站、控制中心和相关的通信设备。地面控制站是负责监控和控制 GPS 卫星运行的关键设施，这些站点位于全球不同地区，通过与 GPS 卫星的通信，提供卫星的轨道参数、钟差校正数据和其他控制命令。监测站用于接收和监测 GPS 卫星发射的导航信号。监测站通过接收和测量来自多颗卫星的信号，可以确定卫星的位置和时钟误差，并提供这些信息给地面控制站以进行校正和计算。控制中心是地面控制部分的核心，负责整合和处理来自地面控制站和监测站的数据。控制中心计算卫星的轨道参数、钟差校正数据和其他相关数据，并生成卫星轨道预报和导航电文。GPS 的地面控制部分依赖于强大的通信设备，用于与卫星进行双向通信。这些通信设备包括卫星追踪站、地面通信设备和卫星链路设备，用于发送控制命令、接收卫星状态信息和传输校正数据。

此外，地面控制部分还需要进行复杂的数据处理和计算，包括卫星轨道计算、钟差校正、轨道预报和导航电文生成等。这些计算结果通过通信设备传输给用户终端，以提供准确的定位和导航服务。并且地面控制部分还要负责卫星的更新和维护工作，当有新的卫星发射时，地面控制站会进行初始化、校准和轨道调整等操作，确保卫星正常运行并提供准确的导航信号。

地面控制部分主要包括一个主控站、三个注入站以及五个监测站，它的主要工作是监测控制卫星的运行轨迹和卫星上的各种设备，除此之外还要保证每颗卫星都在同一时间标准，即 GPS 时间系统。地面控制部分的构成如图 5-4 所示。

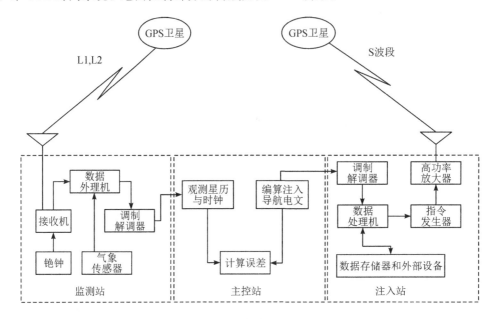

图 5-4　地面控制部分的构成

3）用户设备部分

　　用户设备部分用于接收和解码 GPS 卫星发射的导航信号，并进行定位和导航计算。用户设备部分（如图 5-5 所示）主要由 GPS 接收器、硬件和数据处理软件、微处理机及终端设备组成。GPS 接收器是用户设备部分的核心组件，用于接收来自 GPS 卫星的导航信号。GPS 接收器通过内置的天线接收卫星发射的信号，并将其转换为电信号进行处理。天线用于接收来自 GPS 卫星的微弱无线电信号，负责将接收到的信号传输给 GPS 接收器，以完成进一步的处理和解码。内部处理单元是 GPS 接收器的主要计算部分，负责解码和处理接收到的导航信号。它执行复杂的算法并完成计算，以确定用户的位置、速度和时间等信息。用户设备的首要任务是按照一定的卫星高度选择待测卫星以捕获信号，并跟踪卫星的运行情况。捕获到卫星信号后，进行一系列的变换、放大处理便能解译出导航电文信息，进而计算出位置、速度和时间。这些设备广泛应用于汽车导航系统、移动电话、手持导航设备、运动追踪器等各种应用场景，为用户提供准确的定位和导航服务。

图 5-5　用户设备

3. GPS 定位的原理

PS 定位包括伪距单点定位、载波相位定位和实时差
分定位三种方式。

1）伪距单点定位

伪距单点定位需要测定卫星到接收机的距离，即卫星发射的测距码信号到达 GPS 接收
机的传播时间乘以光速所得的距离。伪距单点定位是一种基本的 GPS 定位方法，通过测量
接收机与多颗 GPS 卫星之间的伪距，计算出接收机的位置。GPS 接收机接收至少 4 颗以上
的 GPS 卫星发射的导航信号。接收机内部的天线将信号转换为电信号，并传递给接收机进
行处理。接收机通过测量接收到的信号与卫星发射信号之间的时延，计算出伪距。伪距测
量是通过测量信号的到达时间差来实现的。接收机使用测量的伪距和校正后的卫星位置信
息进行定位计算。定位计算使用三角测量原理，根据接收机与多个卫星之间的距离差异，
确定接收机的位置。需要注意的是，伪距单点定位方法只能提供相对较低的定位精度，通
常在几米到十几米的范围内。这是因为在伪距单点定位中，没有考虑到误差来源，如大气
延迟、钟差误差、多径效应等。为了提高定位精度，通常需要采用差分 GPS 或其他辅助定
位方法。

2）载波相位定位

载波相位定位需要测定 GPS 卫星载波信号到接收机天线之间的相位延迟。与伪距单点
定位不同，载波相位定位可以提供更高的定位精度，通常在厘米级别。通过载波信号的相
位测量、相位差计算、整周模糊度解算和周跳修复等步骤，可以实现高精度的 GPS 定位。
载波相位定位通常与差分 GPS 等辅助技术结合使用，以提供更高的定位精度和可靠性。载
波相位定位是一种精密的全球定位系统技术，用于确定接收机的位置和时钟偏移。它主要
基于接收到卫星信号的载波相位来测量距离。相位差的度量可以提供更高的测量精度，相
比于传统的伪距定位方法，能够达到更高的精度要求。在载波相位定位中，接收机需要与
卫星信号之间建立一个相位锁定，以测量从卫星到接收机的相位差。通过测量多个卫星信
号的相位差，并利用卫星的星历数据和接收机的时钟偏移进行计算，可以得到接收机的三
维位置坐标。

3）实时差分定位

GPS 实时差分定位的原理是在已有的精确地心坐标点上安放 GPS 接收机（称为基准
站），利用已知的地心坐标和星历计算 GPS 观测的校正值，并通过无线电通信设备（称为数
据链）将校正值发送给运动中的 GPS 接收机（称为流动站）。在实时差分定位中，需要设置
一个或多个参考站，这些参考站准确的位置信息已知。参考站通常位于已知坐标的固定位
置，可以通过精密测量方法来确定其准确位置。实时差分定位可以显著提高 GPS 定位的精

度，通常能够实现亚米级的定位精度。这种技术广泛应用于需要高精度定位的领域，如测绘、航空、农业、港口和道路建设等。通过实时差分定位，用户可以获得更准确的位置信息，提高导航的精度和可靠性。

4. 四旋翼无人机中的 GPS 模块

GPS 模块在四旋翼无人机中有广泛的应用，它为四旋翼无人机提供定位、导航和时间同步等关键功能。GPS 模块是集成了 RF 射频芯片、基带芯片和核心 CPU，并加上相关外围电路而组成的一个集成电路，如图 5-6 所示。

图 5-6 GPS 模块

GPS 模块可以通过接收卫星信号来确定四旋翼无人机的准确位置和速度，以及航向信息。这些数据对于导航和自主飞行至关重要，无论是飞行计划、航路规划，还是实时导航，GPS 都提供了精确的位置信息。并且基于 GPS 数据，四旋翼无人机可以实现自动驾驶功能，通过预先设定的航路点和目标点，四旋翼无人机可以根据 GPS 提供的位置信息自主导航，自动完成起飞、巡航、下降和着陆等阶段的飞行任务。GPS 模块提供的高精度时间信息可以用于四旋翼无人机的时间同步，这对于协调多个四旋翼无人机、通信系统和传感器等关键任务的时间要求至关重要。

GPS 模块性能的评价指标主要有定位时间、接收灵敏度、位置精度和功耗等。

（1）定位时间。

定位时间（Time to First Fix, TTFF）是指从 GPS 模块启动到成功获取到有效定位信息所需的时间。这个过程包括模块初始化、卫星信号搜索、信号跟踪和解算等操作。GPS 模块的启动分为冷启动和热启动两种。

在冷启动状态下，GPS 接收器的内部数据可能已被清除，它需要重新获取星历（卫星轨道和时钟信息)和精确时间信息。冷启动的定位时间通常较长，可能需要几分钟的时间。在这个过程中，接收器需要搜索到足够数量的卫星信号并解码它们，以确定自身的位置。

在热启动状态下，GPS 接收器保留了最近的星历数据和大致的时间信息，它只需要搜索并跟踪卫星信号来更新位置信息。热启动的定位时间相对较短，通常在数十秒到一分钟之间。

模块开机定位时间在不同的启动模式下有很大不同，较短的定位时间表示模块能够更快地获取卫星信号并进行定位。GPS 的定位时间取决于启动状态、卫星信号的可见性和接收器的搜索与跟踪能力。通过采用热启动、辅助定位技术和良好的信号环境，可以缩短定位时间，提供更快的位置信息响应。

（2）接收灵敏度。

接收灵敏度是指 GPS 接收器接收和处理弱 GPS 信号的能力。较高的接收灵敏度意味着 GPS 接收器在低信号强度的情况下仍能准确地接收和解码卫星信号。接收灵敏度的评估通常基于信噪比(Signal-to-Noise Ratio，SNR)这一指标。信噪比表示接收到的 GPS 信号与环境中噪声水平之间的比值。在低信噪比的情况下，GPS 信号可能被噪声淹没，从而导致接收器难以准确解码信号并提供可靠的定位信息。通过采用高增益天线、低噪声放大器、先进的信号处理算法和多路径抑制技术，可以提高 GPS 接收器的接收灵敏度，使其能够在低信号强度的环境下获得可靠的定位信息。这对于在峡谷、密林覆盖或其他信号干扰环境中的定位应用非常重要。

（3）位置精度。

位置精度是指 GPS 接收器提供的定位结果与实际位置之间的偏差，可用来衡量空间点位获取的坐标值与其真实坐标值的符合程度。位置精度是一个关键性能指标，对于许多需要高精度定位的应用(如导航、测绘和精准定位等)十分重要。GPS 的位置精度可以分为水平精度和垂直精度两个方面。

① 水平精度。水平精度表示 GPS 定位结果在水平方向上与实际位置之间的偏差。通常用圆形误差(Circular Error Probable，CEP)来表示，即在特定的置信水平下，定位结果落在一个圆形区域的半径内。例如，一个水平精度为 10 米的 GPS 表示在 95% 的置信水平下，其定位结果落在以实际位置为中心，半径为 10 米的圆内。

② 垂直精度。垂直精度表示 GPS 定位结果在垂直方向上与实际位置之间的偏差。通常用高程误差(Vertical Error)来表示，即定位结果与实际高程之间的差异。垂直精度通常以米为单位。

位置精度受到多个因素的影响，包括卫星的几何位置、多径效应、接收器性能和环境条件等。GPS 单独定位的精度通常较低，一般在几米到十几米的范围内。但通过使用差分 GPS(Differential GPS)或者其他增强技术，如实时动态(Real-Time Kinematic，RTK)差分定位技术，可以显著提高定位精度，将其提高到亚米甚至厘米级别。准确度高的定位精度是 GPS 定位模块设计的基础,定位精度如果没有达到所需要的效果,后续任务就无法实现。

（4）功耗。

功耗(即功率的损耗)是指设备、器件等的输入功率和输出功率的差额。GPS 接收器的功耗是指 GPS 接收器在运行过程中消耗的能量。功耗是衡量 GPS 设备能否长时间使用以及对电池寿命的影响的重要指标。GPS 接收器的功耗可以分为静态功耗和动态功耗两个方面。

① 静态功耗。静态功耗是指 GPS 接收器在待机或空闲状态下消耗的能量。当 GPS 接收器处于待机状态时,它仍然需要维持与卫星的连接以进行定位更新,但功耗较低。因此在空闲时,GPS 接收器可以保持较长的电池寿命。

② 动态功耗。动态功耗是指 GPS 接收器在定位和导航过程中实际接收和处理信号所消耗的能量。在定位过程中,GPS 接收器需要进行接收卫星信号、解码信号、计算位置等复杂操作,这会导致较高的功耗。动态功耗通常比静态功耗高,因此在实际导航和定位使用中,GPS 接收器的功耗会更显著。

GPS 接收器的功耗受多个因素的影响,包括定位模式、更新频率、天线类型和信号强度等。通过优化系统设计、采用功耗管理策略和合理使用信号过滤等方法,可以降低 GPS 的功耗,延长电池寿命。

GPS 在四旋翼无人机中通常不是单独使用的,而是与惯性导航系统(Inertial Navigation System,INS)等其他导航系统结合使用,以提供更高的定位精度和鲁棒性。同时,由于 GPS 信号在四旋翼无人机处于高空或复杂环境中时可能受到干扰或遮挡,因此四旋翼无人机还需要采取其他手段,如惯性测量单元和雷达等,以提供备用导航能力。

5.4　其他传感器模块

5.4.1　气压计

气压计是根据大气压力换算出四旋翼无人机高度数据的传感器。气压计所提供的数据能协助无人机进行导航并起飞上升到所需高度。准确估计上升与下降速度,对无人机飞行控制来说十分重要。气压计的原理是基于大气压力随高度变化而递减的事实。在气压计中,通常采用微机电系统技术,将压力转化为电信号。

气压计通常使用微型压力传感器来测量大气压力。传感器芯片中的微小腔室与外界大气相连,压力变化会导致芯片内部的微小结构发生变形,从而引起电阻、电容或振动频率的变化。

由于气压受温度的影响,气压计通常还配备了温度传感器来进行温度补偿。温度补偿可以消除温度对气压测量的影响,提高测量的准确性。

大气压力随着海拔的增加而递减,因此通过测量大气压力的变化可以推断四旋翼无人机的高度变化。飞行控制系统根据气压计提供的高度信息进行高度控制。

需要注意的是,气压计测量的是气压变化,而不是绝对高度。由于气压会受到天气条件的影响,因此,气压计的测量结果可能会有一定的误差。因此,在使用气压计进行高度控制时,通常需要结合其他传感器(如加速度计、陀螺仪等),以提高高度测量的精确度。并且气压计极易受到外界环境的干扰,当空气中温度或湿度发生变化时,气压也会同时发生变化。除此之外,四旋翼无人机中旋翼高速旋转时产生的气流也会在一定程度上影响气压计的测量数据。因此,还需要安装超声波传感器或 GNSS 传感器模块等测量相对高度的传感器,并使用信息融合策略来对气压计数据误差进行校准,最终才能够获得较为准确的高度值。

5.4.2 超声波传感器

超声波是一种超出人耳听觉频率上限的声波,具有很好的方向性和穿透性,广泛应用于测距和测速。超声波传感器(如图 5-7 所示)是一种常用于测距和避障的传感器,它利用超声波的特性来测量物体与传感器之间的距离,并根据测量结果进行飞行控制和避障操作。在四旋翼无人机中的超声波传感器,是利用超声波碰到其他物质会反弹的原理来完成高度测量的。因此,传感器到物体的距离是声波的传播速度与时间间隔乘积的一半。超声波传感器的工作过程如下。

图 5-7 超声波传感器

(1)发射超声波。超声波传感器通过发射超声波脉冲来测量距离。它包含一个超声波发射器,发射器会发出一系列超声波脉冲。

（2）接收回波。当超声波脉冲遇到物体时，会发生声波的反射。超声波传感器还包含一个接收器，用于接收回波信号。

（3）测量距离。通过计算发射超声波和接收回波之间的时间差，可以确定物体与传感器之间的距离。由于超声波在空气中的传播速度相对较慢（约为 343 米每秒），根据时间差和超声波速度的乘积，可以得到距离的近似值。

在高度测量方面，超声波传感器可用于测量四旋翼无人机与地面之间的高度。通过测量距离，可以提供高度信息，用于高度测量和控制。在避障方面，超声波传感器可以检测与前方物体的距离，帮助四旋翼无人机进行避障操作。通过测量，飞行控制系统可以根据距离信息调整飞行路径，避免与前方物体碰撞。

在近地面的时候，由于外界环境和自身气流的干扰，仅使用气压计是无法获取准确数据的。而使用超声波传感器在近地面完全可以实现高度测量并完成控制。并且超声波可以检测物体的反射表面，因此在避障操作中可以区分不同类型的物体，快速发射和接收信号，实现快速的距离测量。

超声波传感器的性能可能受到环境条件（例如温度、湿度和空气浓度等）的影响。这些因素可能会对超声波的传播速度和信号质量产生影响。超声波在遇到复杂环境时，可能会产生多次反射，从而产生测量误差。这种多路径干扰需要在算法设计和数据处理中进行补偿。超声波传感器的价格普遍较便宜，但声波传输速度较慢，因此超声波传感器的数据更新频率相对较低，同时测量范围较小。超声波传感器也需要与其他传感器数据进行信息融合使用才能获得更好的测量结果。

5.4.3　激光测距传感器

激光测距传感器是一种使用激光光束测量距离的传感器。它通过发射激光束并接收反射回来的光信号来计算物体与传感器之间的距离。激光测距传感器的原理与超声波传感器相似，区别是两者的发射信号不同。激光测距传感器发射的是激光，其传播速度接近光速，在信号频率上比超声波传感器要高很多，刷新率也比超声波传感器高很多，但价格也比超声波传感器要昂贵很多。因此，其在四旋翼无人机上的使用、保养和维修费用是一笔巨大的开支。

激光测距传感器在四旋翼无人机中常用于精确的距离测量和避障操作。激光测距传感器的工作过程主要分为以下三步。

（1）发射激光束。激光测距传感器包含一个激光发射器，它会发射一束激光光束。

（2）接收反射光。当激光光束照射到物体上时，光会被物体表面反射。激光测距传感器中还包含一个激光接收器，用于接收反射回来的光信号。

（3）时间测量。通过测量激光光束发射和接收之间的时间差，可以计算出激光光束在空气中传播的时间。光在空气中的传播速度已知，通过时间差和光速的乘积，可以得到物体与传感器之间的距离。

激光测距传感器可以提供精确的距离测量，通常具有较高的测量精度和分辨率。这对于需要精确距离信息的场景（例如建筑测量、地形映射等）至关重要。激光测距传感器还可以检测四旋翼无人机与前方障碍物之间的距离，从而帮助飞行控制系统进行避障操作。通过实时测量传感器与障碍物之间的距离，可以调整飞行路径以避免碰撞。

激光测距传感器通常具有高度精确的测量能力，可以提供准确的距离测量结果，并且传播速度非常快，能够快速实现距离测量，适用于需要实时应用和快速反应的场景。激光测距传感器通常具有较宽的测距范围，可以适应不同距离的需求。但是，激光测距传感器的性能会受到环境（例如，光照强度、反射表面的特性等）影响，并且它通常具有一定的视场角度，需要注意在较远距离和空旷场景测量时可能存在测量偏差。

5.4.4　视觉传感器

视觉传感器其实就是通过摄像头采集图像信息，经过计算可以确定目标或相对于目标的位置、速度等飞行状态，它可以帮助四旋翼无人机实现视觉导航、目标检测与识别、姿态估计等功能。视觉传感器的核心技术在于后期的处理算法，尤其是近年来深度学习算法的发展给视觉传感器的应用带来了新的机遇。越来越多的四旋翼无人机的研究都基于视觉传感器的开发和研究，例如，基于视觉传感器的目标跟踪、避障等研究内容。视觉传感器通常具有以下特点和功能。

（1）图像采集。视觉传感器可以捕捉环境中的图像或视频信息。它通常由一个或多个摄像头组成，可提供不同视角和分辨率的图像。

（2）视觉导航。通过分析和处理传感器获取的图像信息，四旋翼无人机可以利用视觉特征进行定位、导航和路径规划。例如，使用图像识别技术来识别地标或特定的环境特征，帮助四旋翼无人机实现室内或室外的自主导航。

（3）目标检测与识别。视觉传感器可以用于检测和识别环境中的目标物体，如行人、车辆、建筑物等。通过使用计算机视觉算法和机器学习技术，能够实现目标检测、跟踪和分类等功能，为四旋翼无人机的应用提供更多智能交互和决策。

（4）姿态估计。通过分析图像中的特征点或运动信息，视觉传感器可以估计四旋翼无人机的姿态（如姿态角、位置等）。这对于飞行的稳定性非常重要，可以帮助四旋翼无人机实现精准悬停、调整飞行姿态等操作。

视觉传感器在四旋翼无人机中的应用十分广泛，包括航拍摄影、无人巡航、智能交互等。然而，视觉传感器也面临一些挑战和限制，如光照条件的变化、图像噪声和计算复杂度等。因此，在设计和使用视觉传感器时，需要综合考虑传感器的分辨率、帧率、图像质量、计算资源和算法的选择，以满足具体应用的需求。

5.4.5　空速计

空速计是一种用于测量空气速度的传感器，可以用于四旋翼无人机，以获得飞行速度和空气动力学性能的相关信息。空速计可以帮助飞行控制系统实现速度控制、风速补偿和飞行稳定性等功能。空速计的测量原理是通过测量气流的总压和静压，并根据伯努利原理确定气流的动压，再计算出空速。

空速计的功能可以通过压差测量和热导测量两种常见的技术来实现。压差测量是指利用空气流动产生的压差来测量空速。压差空速计包含一个或多个感压孔或感压管，其中一个暴露在气流中，另一个与静止空气相连。当空气流过感压孔时，对产生的压差进行测量，并通过传感器转换为相应的空速值。热导测量是指利用气流对加热元件的冷却效应来测量空速。热导空速计采用一个加热丝或热电阻作为传感器，当气流通过传感器时，会带走热量导致传感器的温度下降。通过测量温度的变化，可以计算出对应的空速值。

空速计有很强的实时性，能够提供实时的空速信息，使飞行控制系统能够快速响应并完成相应的控制调整。空速计可以直接用于测量空气速度，不依赖于其他参数，因此具有较高的准确性和可靠性；还可以应用到不同的飞行场景和环境中，包括室内和室外飞行、平稳飞行和高速飞行等。但是，空速计的精度易受到传感器本身性能以及环境因素的影响，如空气密度的变化、湍流和仪器误差等，它对于细微的空气速度变化可能不够敏感，特别是低速飞行或静止状态下，在设计使用时要格外注意。

本 章 小 结

本章先介绍了四旋翼无人机中的惯性测量单元及其组成，然后详细介绍了导航系统，并对我国的北斗卫星导航系统和GPS做了全面的介绍，帮助读者更深刻地了解其工作原理。同时本章还介绍了气压计、超声波传感器、激光测距传感器、视觉传感器和空速计等其他的传感器模块，以使读者对四旋翼无人机的传感器模块有更深的了解。

习 题

1. 惯性测量单元是什么，可以分为哪几类？在四旋翼无人机的飞行控制中起什么作用？

2. 对比学习三轴陀螺仪和三轴加速度计，整理出它们的原理以及在四旋翼无人机的飞行控制中的相同点和不同点。

3. 磁力计的工作原理是什么？在四旋翼无人机的飞行中，有什么作用？使用磁力计需要注意哪些方面？

4. 概括 MPU-6050 的原理以及在四旋翼无人机飞行控制中的作用。

5. 目前全球的导航系统有哪几种？分别概述各个系统的特点。

6. 我国北斗卫星导航系统的发展有哪几个阶段？分别都有哪些进步？

7. 简述北斗卫星导航系统的构成以及工作原理。

8. GPS 由哪几部分构成？其工作原理是什么？

9. 简述气压计的工作原理，以及对四旋翼无人机飞行控制的作用。

10. 在四旋翼无人机的飞行中，超声波传感器有什么作用？

11. 激光测距传感器的工作原理是什么？与超声波传感器对比，有什么异同？

12. 视觉传感器的特点和功能有什么？并查阅资料拓展。

13. 概述空速计的工作原理，在四旋翼无人机的飞行中空速计主要有什么用途？

第6章 四旋翼无人机的传统控制

6.1 引 言

四旋翼无人机的控制是一项跨学科的综合性技术，涉及计算机、传感器、自动控制、人工智能和电子技术等学科的内容。由于四旋翼无人机是一个非线性、多变量、强耦合的系统，针对其不稳定和易受干扰的特性，它需要采用相应的控制器来保证飞行时姿态的稳定。四旋翼无人机的机体结构和飞行特点使得完成精确且稳定的控制成为难点。保证四旋翼无人机良好飞行状态的必要前提是合理运用飞行控制方法。其中，飞行控制算法以姿态控制为主要内容，姿态控制的方法设计不仅能改善四旋翼无人机的姿态稳定性能，而且对四旋翼无人机的轨迹控制也具有重要意义。

本章主要目的是在了解并掌握四旋翼无人机运动模型和飞行机理的基础上，讲述几种四旋翼无人机的姿态控制方法，使四旋翼无人机按预定动作完成运动，并保证四旋翼无人机在飞行过程中姿态的稳定性。

6.2 PID 控 制

6.2.1 PID 控制简介

PID 控制是目前应用较广泛的一种控制方法，通常来说是按偏差 e 的比例（Proportional）、积分（Integral）、微分（Derivative）来实现的控制。在工业流程控制中，普遍使用的控制器就是 PID 控制器以及由它改进的相关控制器，同时大部分的反馈环都是通过 PID 控制器和它的变形来完成控制的。PID 控制器产生并发展于 1915 至 1940 年期间。尽管许多采用现代控制技术和方法的控制器不断推出，但 PID 控制器以其原理简单、结构简明、方便建模以及良好的控制效果，仍被广泛应用于冶金、化工、电力、轻工和机械等工业过程控制中。特别是在一些具体的工艺控制中，由于很难建立准确的控制目标，并且参数往往会不断地改变，因此一般都会使用 PID 控制器，并依据经验进行实时调整。

根据控制量的不同，PID 控制模型又可以分为位置式 PID 和增量式 PID。位置式 PID 是通过系统预期值和系统实际值进行的控制，模型的输出与整个系统的状态相关，需要使用到累积误差。在这种控制模式下，控制对象的输出直接影响到位置式 PID 的输出，在计算机出现故障的情况下对系统有着较大的影响。增量式 PID 则是结合前几次系统预期值与实际值的偏差进行的控制，其输出仅受到当前时刻和前两个时刻的误差影响，即便计算机出现故障，也不会严重影响系统整体的工作。

PID 控制器的结构相对简单，并且对于误差和扰动模型的建立具有稳定的特性，也容易操作。由于无法充分获取某一系统和受控目标的信息或无法利用有效的测量方法得到相关参数时，采用 PID 方法是最合适的，因此常将这种控制器用于四旋翼无人机的反馈控制中。

6.2.2　PID 控制器的基本原理

PID 控制模型是比较理想的一种控制方法，在处理即时偏差的比例调节模块的基础上，加入可以消除余差的积分调节模块，再加入微分调节模块，提前修正不利的偏差变化趋势，达到提高系统的控制速度和系统稳定性的效果。PID 控制器的突出特点就是其结构不依赖于模型本身，简单且易于实现，鲁棒性强。PID 控制器是靠控制目标与实际之间的误差来确定如何消除此误差，而不是靠对象的输入-输出模型来决定控制策略的。PID 控制规律对于控制通道时间常数大、控制时延长、控制要求高的场合比较适用。

经典的 PID 控制器主要由比例环节、微分环节和积分环节三部分加权组成，分别代表误差的现在、将来和过去，其控制原理图如图 6-1 所示。

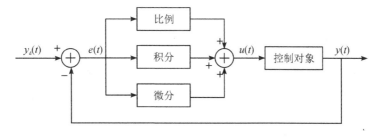

图 6-1　PID 控制原理图

$$u(t) = K_p e(t) + K_i \int_0^t e(t) \mathrm{d}t + K_d \frac{\mathrm{d}e(t)}{\mathrm{d}t} \tag{6.1}$$

其中：

（1）$e(t)$ 是输入 $y_d(t)$ 和输出 $y(t)$ 之间的测量误差，$e(t) = y_d(t) - y(t)$。

（2）K_p 是比例系数，能够对误差做出即时的反应。当系统产生偏差时，控制器就会立即进行调节，使控制量偏差迅速减小。比例系数越大，控制效果越明显，控制过程的静态偏差越小，过渡时间越快。但同时，系统产生振荡的可能性越大，系统稳定性也随之降低。如果比例系数太小，也会导致控制强度过低，系统输出量变化缓慢，调节所需的总时间会大幅增长。

（3）K_i 为积分系数，能够在比例调节的基础上消除余差。只要误差存在，积分调节就会一直进行，直到无误差为止。此时，系统达到稳定状态，系统误差归零，比例部分和微分部分也归零，积分调节结束，该部分数值正好等于稳定状态需要的模型输出值。积分系数越小，积分积累作用越强，系统产生振荡的可能性也越大，但消除偏差所需时间会越短。积分系数较大时，积分作用较弱，这时系统不容易产生振荡，但静态误差的消除过程也会变慢。

（4）K_d 为微分系数，主要用于调节系统误差的变化趋势，达到超前的控制效果。该调节系数能够根据偏差的变化趋势，提前做出响应。在理想情况下，偏差还没有产生时就应该被微分控制消除掉，从而有效提升系统的机动性能。通常情况下，偏差变化的趋势越明显，微分控制作用就越强，在一定程度上让偏差值在变大前得到修正。微分系数越小，超调量越大，系统产生的振荡也会越大，系统调节速度变慢。但如果微分时间常数过小，系统也将趋于不稳定。

PID 控制器的控制性能主要取决于这三个系数（即 K_p、K_i、K_d）的取值，而且 PID 控制器的响应速度和超调量是相互矛盾的。根据经验调整好适当的系数，可以得到比较理想的控制效果。

6.2.3　PID 控制器的结构分析

根据四旋翼无人机的动力学模型分析，位移变化会受到姿态角的影响，姿态角会受到滚转角、俯仰角和偏航角控制量的影响，但不受四旋翼无人机位移变化的影响。因此设计一个良好的姿态角控制器是整个控制系统的关键。图 6-2 是姿态角与位移的关系图。

根据四旋翼无人机姿态角和位置的关系，将控制系统分为两部分，即外环控制和内环控制。外环控制主要是针对四旋翼无人机的位移进行控制，其输入值为位移期望值，经外

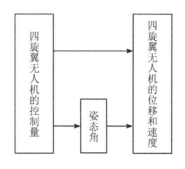

图 6-2　姿态角与位移的关系

环控制回路得到伪控制量，根据四旋翼无人机的动力学模型可以推导出伪控制量与姿态角
控制回路的关系式。内环控制主要是针对四旋翼无人机的姿态角进行控制，其输入值为姿
态角的期望值，经姿态角回路控制得到的是偏航角控制量、滚转角控制量和俯仰角控制量。
升力控制量是通过计算外环控制回路和伪控制量的关系得到的，这四个控制量作用于四旋
翼无人机的动力学模型。其中，内外环控制设计采用经典 PID 方法，而四旋翼无人机的控
制系统是通过控制四个旋翼电机的旋转速度，来控制四旋翼无人机的飞行状态，因此四个
输入量和六个输出量必然存在相互耦合的关系，这个耦合关系体现在控制器结构设计中。
图 6-3 是四旋翼无人机 PID 控制器结构图。

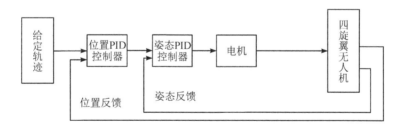

图 6-3　四旋翼无人机 PID 控制器结构图

　　PID 控制器把收集到的数据和参考值进行比较，将差值用于计算新的输入值，这个新
输入值的目的是让系统数据达到或保持在参考值附近。和其他简单的控制方式不同，PID
控制器可以根据历史数据和差值出现率来调整输入值，这样能使系统更加准确和稳定。通
过数学方法可以证明，在其他控制方法导致系统有稳定误差或过程反复的情况下，PID 反
馈回路可以保持系统的稳定。

　　从图 6-3 可知，四旋翼无人机在飞行时，当前时刻的位移信号和姿态信号反馈到外环
控制回路和内环控制回路中。反馈到外环控制回路的实际位移与期望值产生控制量偏差，
作为外环 PID 控制器的输入值，使四旋翼无人机能快速达到期望的位移。信号经过逆转换

得出滚转角和俯仰角,将这两个角作为内环控制器的期望输入,然后与当前实际的姿态角产生控制量偏差,作为内环 PID 控制器的输入值,使四旋翼无人机能快速达到期望的状态。

6.2.4 PID 控制器的设计

1. 内环控制系统设计

在四旋翼无人机的飞行控制系统中,内环控制是控制系统的关键环节。设计四旋翼无人机控制器时,姿态角控制器作为重点设计的对象。四旋翼无人机在飞行过程中,飞行状态的姿态角变化范围很小,可以忽略不计。因此,为了更好地设计姿态角控制器,四旋翼无人机动力学模型中的姿态角模型进一步整理为关于$[\ddot{\phi}_d, \ddot{\theta}_d, \ddot{\psi}_d]$的方程式。

定义姿态角的期望值为$[\phi_d, \theta_d, \psi_d]$,四旋翼无人机的实际姿态值为$[\phi, \theta, \psi]$,使用 PID 控制方法可以得到内环控制器。内环控制器主要是针对姿态角进行控制,姿态角的控制量为

$$
\begin{cases}
u_\phi = K_{p\phi}e_\phi + K_{i\phi}\displaystyle\int e_\phi\,\mathrm{d}t + K_{d\phi}\dot{e}_\phi + \ddot{\phi}_d \\
u_\theta = K_{p\theta}e_\theta + K_{i\theta}\displaystyle\int e_\theta\,\mathrm{d}t + K_{d\theta}\dot{e}_\theta + \ddot{\theta}_d \\
u_\psi = K_{p\psi}e_\psi + K_{i\psi}\displaystyle\int e_\psi\,\mathrm{d}t + K_{d\psi}\dot{e}_\psi + \ddot{\psi}_d
\end{cases}
\tag{6.2}
$$

其中,u_ϕ、u_θ、u_ψ分别是滚转角虚拟控制量、俯仰角虚拟控制量和偏航角虚拟控制量,K_{px}、K_{ix}、K_{dx}(x 为 ϕ、θ、ψ)分别是滚转角、俯仰角和偏航角的参数,e_x(x 为 ϕ、θ、ψ)是姿态角误差信号,即期望值与实际值的差。因此,姿态角的期望值通过姿态控制器得出滚转角控制量、俯仰角控制量和偏航角控制量。

2. 外环控制系统设计

在四旋翼无人机的飞行控制系统中,外环控制器可以使四旋翼无人机按照给定运动轨迹准确、快速地完成飞行。通过对四旋翼无人机动力学模型的建立,可以得到姿态角和位移加速度之间的关系

$$
\begin{cases}
\ddot{x} = \dfrac{(\cos\phi\cos\theta\sin\psi + \sin\phi\sin\psi)U_1}{m} \\[2mm]
\ddot{y} = \dfrac{(\cos\phi\cos\theta\sin\psi - \sin\phi\sin\psi)U_1}{m} \\[2mm]
\ddot{z} = \dfrac{(\cos\phi\cos\theta)U_1}{m} - g
\end{cases}
\tag{6.3}
$$

其中，m 为四旋翼无人机的质量，g 为重力加速度，U_1 为控制信号。

定义位移的期望值为 $[x_d, y_d, z_d]^T$，实际值为 $[x, y, z]^T$。利用 PID 控制方法可以得到外环控制器。构造虚拟控制量为

$$
\begin{cases}
u_x = K_{px}e_x + K_{ix}\displaystyle\int e_x \mathrm{d}t + K_{dx}\dot{e}_x + \ddot{x}_d \\[2mm]
u_y = K_{py}e_y + K_{iy}\displaystyle\int e_y \mathrm{d}t + K_{dy}\dot{e}_y + \ddot{y}_d \\[2mm]
u_z = K_{pz}e_z + K_{iz}\displaystyle\int e_z \mathrm{d}t + K_{dz}\dot{e}_z + \ddot{z}_d
\end{cases}
\tag{6.4}
$$

其中，$[u_x, u_y, u_z]$ 分别表示 x 轴上的虚拟控制量、y 轴上的虚拟控制量和 z 轴上的虚拟控制量，K_{px}、K_{ix}、K_{dx} 分别是 x 轴、y 轴和 z 轴上的参数，e 是位移误差信号，即期望值与实际值的差。根据动力学模型的分析，通过位移控制器得出位移虚拟控制量，经过逆变化得到姿态回路的姿态角期望值为

$$
\begin{cases}
\phi_d = \arcsin\left[\dfrac{m}{U_1}(\ddot{x}\sin\psi - \ddot{y}\cos\psi) \right] \\[4mm]
\theta_d = \arcsin\left[\dfrac{\dfrac{m\ddot{x}}{U_1} - \sin\phi_d\sin\psi}{\cos\phi_d\cos\psi} \right]
\end{cases}
\tag{6.5}
$$

6.2.5　仿真与分析

为进一步验证四旋翼无人机控制器的有效性，通过 Matlab/Simulink 软件平台，对 PID 控制器进行仿真。PID 控制器的相关参数，如表 6-1 所示。

表 6-1　PID 控制器的参数

参数	x	y	z	ϕ	θ	ψ
K_P	1	1	1	5	9.5	0.2
K_I	0.1	0.1	0.1	0.2	0	0
K_D	2.5	2	2	2	4.1	0.3

1. 悬停仿真与分析

假设四旋翼无人机从坐标原点 $[0, 0, 0]$ 到 $[0.5, 0.5, 0.5]$ 点悬停，偏航角设定值为 45 度，采用 PID 控制器进行仿真，控制参数已知。四旋翼无人机的位移和姿态角响应曲线如图 6-4 和图 6-5 所示。

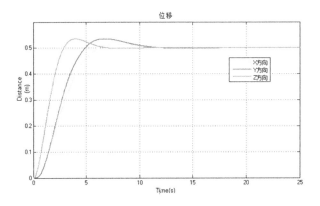

图 6-4　位移响应曲线

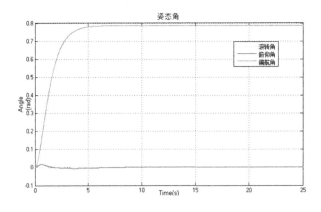

图 6-5　姿态角响应曲线

从位移和姿态角响应曲线分析，位移响应在 11 s 内达到稳定，且无误差。姿态角响应曲线的变化范围最高达到 0.125 rad，即角的变化范围最大为 7.2°，角度始终在期望值以上，三个姿态角响应能在一定的时间内达到稳定，且无误差。因此，根据位移和姿态角响应曲线的综合指标看，PID 控制器能有效地控制四旋翼无人机的位移和姿态角。

2. 鲁棒性仿真与分析

实际飞行中，四旋翼无人机常受到外界的干扰，导致无法稳定飞行，因此在设计控制器时，必须考虑控制器的鲁棒性。假设初始条件不变，给四旋翼无人机加一个幅值为 0.03、频率为 1 的 Triangle 干扰信号，进行四旋翼无人机的抗干扰仿真。四旋翼无人机的位移干扰曲线和姿态角干扰曲线如图 6-6 和图 6-7 所示。

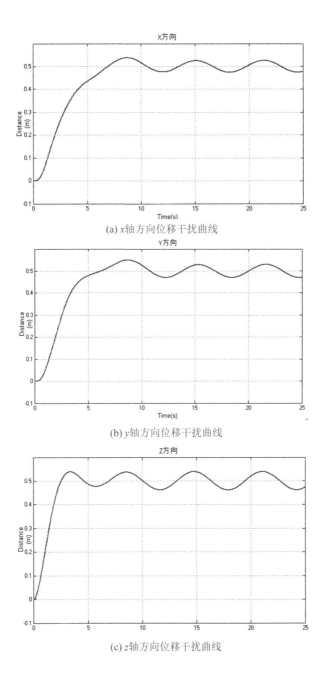

(a) x轴方向位移干扰曲线

(b) y轴方向位移干扰曲线

(c) z轴方向位移干扰曲线

图 6 - 6 位移干扰曲线图

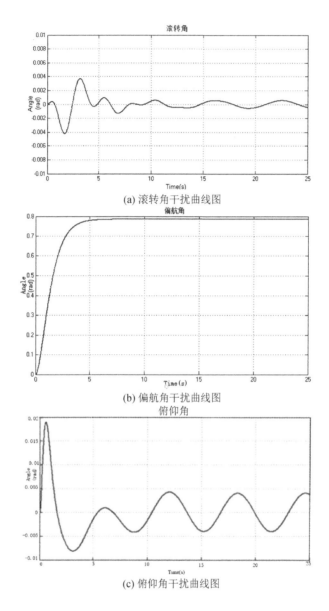

图 6-7　姿态角干扰曲线图

从图 6-6 中位移干扰曲线图上分析，在初始条件不变的情况下，加一个幅值为 0.03 的干扰信号，x 轴和 y 轴方向的位移在连续受到干扰信号时，经过 8 s 左右曲线达到稳定，在设定值 0.5 m 处波动，z 轴方向上控制效果较好，只需 3 s 左右就达到稳定。总体上，曲线依然能在期望值附近波动，不会发散，但无法及时恢复到设定状态。综上所述，说明在外界的干扰下，PID 控制器对四旋翼无人机的位移控制效果不好。

从姿态角干扰曲线图上分析，在四旋翼无人机受到干扰信号时，滚转角的误差相对俯仰角和偏航角比较大。但是姿态角依然能在期望值附近波动，而不发散。根据上述结果分析，位移和姿态角受到干扰时，都能保持在期望值附近波动，说明在干扰的情况下，PID 控制器对四旋翼无人机的控制效果可以达到预期目标。

6.2.6　PID 控制器的相关程序

将表 6-1 的数据代入，PID 控制器相关程序如下：

```
aircraft. m
function [sys, x0, str, ts]=aircraft(t, x, u, flag)
switch flag,
    case 0,
        [sys, x0, str, ts]=mdlInitializeSizes;
    case 1,
        sys=mdlDerivatives(t, x, u);
    case 2,
        sys=mdlUpdate(t, x, u);
    case 3,
        sys=mdlOutputs(t, x, u);
    case 4,
        sys=mdlGetTimeOfNextVarHit(t, x, u);
    case 9,
        sys=mdlTerminate(t, x, u);
    otherwise
        DAStudio. error('Simulink: blocks: unhandledFlag', num2str(flag));
end
function [sys, x0, str, ts]=mdlInitializeSizes
sizes=simsizes;
sizes. NumContStates   =9;
sizes. NumDiscStates   =0;
sizes. NumOutputs      =9;
sizes. NumInputs       =4;
sizes. DirFeedthrough=0;
```

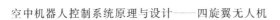

```
sizes. NumSampleTimes=1;
sys=simsizes(sizes);
x0   =[0 0 0 0 0 0 0 0];
str=[];
ts   =[0 0];
function sys=mdlDerivatives(t, x, u)
m=1.725;
l=0.198;
Ix=0.114;
Iy=0.114;
Iz=0.12;
g=9.8;
U1=u(1);
U2=u(2);
U3=u(3);
U4=u(4);
phi=x(1);
theta=x(2);
psi=x(3);
phi_rate=x(4);
theta_rate=x(5);
psi_rate=x(6);
Vx=x(7);
Vy=x(8);
Vz=x(9);
dphi=phi_rate;
dtheta=theta_rate;
dpsi=psi_rate;
dphi_rate=((Iy-Iz)/Ix) * theta_rate * psi_rate+(l/Ix) * U2;
dtheta_rate=((Iz-Ix)/Iy) * phi_rate * psi_rate+(l/Iy) * U3;
dpsi_rate=((Ix-Iy)/Iz) * phi_rate * theta_rate+(1/Iz) * U4;
dVx=(cos(phi) * sin(theta) * cos(psi)+sin(phi) * sin(psi)) * (1/m) * U1;
dVy=(cos(phi) * sin(theta) * cos(psi)-sin(phi) * sin(psi)) * (1/m) * U1;
dVz=-g+cos(phi) * cos(theta) * (1/m) * U1;
sys=[dphi; dtheta; dpsi; dphi_rate; dtheta_rate; dpsi_rate; dVx; dVy; dVz];
function sys=mdlUpdate(t, x, u)
sys=[];
```

```
function sys=mdlOutputs(t, x, u)
phi=x(1);
theta=x(2);
psi=x(3);
phi_rate=x(4);
theta_rate=x(5);
psi_rate=x(6);
Vx=x(7);
Vy=x(8);
Vz=x(9);
sys=[phi; theta; psi; phi_rate; theta_rate; psi_rate; Vx; Vy; Vz];
function sys=mdlGetTimeOfNextVarHit(t, x, u)
sampleTime=0.02;
sys=t + sampleTime;
function sys=mdlTerminate(t, x, u)
sys=[];
```

6.3　LQR 控 制

6.3.1　LQR 控制简介

　　线性二次型调节器(Linear Quadratic Regulator，LQR)是一种线性二次型最优控制方法。其研究的主要问题是：如何根据被控对象的动态特性选择控制律，使系统能够在满足某种性能指标最优的情况下，运行在设定的目标状态。在 LQR 方法中，系统被建模为具有线性状态方程和线性输出方程的离散或连续时间系统。控制器的目标是最小化系统的二次型性能指标，该指标通常用系统状态和控制输入的加权和来表示。LQR 方法的核心思想是通过对状态变量和控制输入变量的加权来平衡控制的性能。通过调整权重矩阵，可以改变系统对状态变量和控制输入变量的控制程度。

　　LQR 方法在控制系统设计中广泛应用，特别是对于线性系统和平稳系统的控制。它提供了一种优化控制器设计的数学框架，可以用于解决多种控制问题，如四旋翼无人机姿态控制、机器人控制等。

6.3.2　LQR 控制原理

　　LQR 控制器的控制对象是现代控制理论中以状态空间形式给出的线性系统，目标函数是状态对象和控制输入的二次型函数。LQR 方法是假定系统在平衡点处，选择控制输入使二次型目标函数达到极值，同时达到最小化干扰对系统的影响的目的，最终达成预期控制目标。LQR 方法的描述如下。

给定如下线性系统：

$$\begin{cases} \dot{\boldsymbol{x}}(t) = \boldsymbol{A}\boldsymbol{x}(t) + \boldsymbol{B}\boldsymbol{u}(t) \\ \boldsymbol{y}(t) = \boldsymbol{C}\boldsymbol{x}(t) + \boldsymbol{D}\boldsymbol{u}(t) \end{cases} \tag{6.6}$$

寻找最优状态反馈控制律：

$$\boldsymbol{u}(t) = -\boldsymbol{K}\boldsymbol{x}(t) \tag{6.7}$$

目标函数为

$$J = \frac{1}{2}\int_0^t \left[\boldsymbol{x}^{\mathrm{T}}(t)\boldsymbol{Q}\boldsymbol{x}(t) + \boldsymbol{u}^{\mathrm{T}}(t)\boldsymbol{R}\boldsymbol{u}(t)\right]\mathrm{d}t + \frac{1}{2}\boldsymbol{x}^{\mathrm{T}}(t_{\mathrm{f}})\boldsymbol{M}\boldsymbol{x}(t_{\mathrm{f}}) \tag{6.8}$$

其中，$\boldsymbol{Q}$ 和 $\boldsymbol{M}$ 是半正定矩阵，$\boldsymbol{R}$ 是正定矩阵，$\boldsymbol{Q}$ 和 $\boldsymbol{R}$ 分别是对状态变量和输入向量的加权矩阵，$\boldsymbol{x}(t)$ 是 n 维状态向量，$\boldsymbol{u}(t)$ 是 m 维输入变量，终端时间 t_{f} 固定，终端状态 $\boldsymbol{x}(t_{\mathrm{f}})$ 自由，$\boldsymbol{x}^{\mathrm{T}}(t_{\mathrm{f}})$ 和 $\boldsymbol{M}\boldsymbol{x}(t_{\mathrm{f}})$ 是最终成本，$\boldsymbol{x}^{\mathrm{T}}(t)$ 和 $\boldsymbol{Q}\boldsymbol{x}(t)$ 是过程成本，$\boldsymbol{u}^{\mathrm{T}}(t)$ 和 $\boldsymbol{R}\boldsymbol{u}(t)$ 是控制成本。

LQR 控制的目标是使目标函数 J 最小，即使用最小的控制代价得到最小的误差，最终达到控制量与误差的综合最优。构造一个 Hamilton 函数：

$$H = -\frac{1}{2}\left[\boldsymbol{x}^{\mathrm{T}}(t)\boldsymbol{Q}\boldsymbol{x}(t) + \boldsymbol{u}^{\mathrm{T}}(t)\boldsymbol{R}\boldsymbol{u}(t)\right] + \boldsymbol{\lambda}^{\mathrm{T}}(t)\left[\boldsymbol{A}\boldsymbol{x}(t) + \boldsymbol{B}\boldsymbol{u}(t)\right] \tag{6.9}$$

对函数进行求导并令其值为 0，可求出最小值，即

$$\frac{\partial H}{\partial u} = -\boldsymbol{R}\boldsymbol{u}(t) + \boldsymbol{B}^{\mathrm{T}}\boldsymbol{\lambda}(t) = 0 \tag{6.10}$$

解方程得到的最优控制信号为

$$\boldsymbol{U}^*(t) = \boldsymbol{R}^{-1}\boldsymbol{B}^{\mathrm{T}}\boldsymbol{\lambda}(t) \tag{6.11}$$

对于 $\boldsymbol{\lambda}(t)$ 的求解可由下列函数导出，即

$$\boldsymbol{\lambda}(t) = -\boldsymbol{p}(t)\boldsymbol{x}(t) \tag{6.12}$$

其中，$\boldsymbol{p}(t)$ 由 Riccati 方程给出。

6.3.3　基于 LQR 的四旋翼无人机姿态控制器设计

LQR 控制为四旋翼无人机姿态控制系统提供了一种有效的分析方法。当 LQR 方法应用于四旋翼无人机的姿态控制时，无须完全按照性能指标配置闭环极点的位置，只需根据系统响应曲线找到合适的状态变量和控制输入加权矩阵，即可导出易于分析和实现的线性控制律。

LQR 控制器的控制对象是以状态空间形式给出的线性系统，因此设计控制器首先需要

建立线性的状态方程。线性化后的动力学模型可以用状态空间模型式(6.1)来表述

$$\dot{x} = \boldsymbol{A}x + \boldsymbol{B}u \qquad (6.13)$$

$$y = \boldsymbol{C}x + \boldsymbol{D}u \qquad (6.14)$$

其中，状态量 x 表示为滚转角 ϕ、俯仰角 θ、偏航角 ψ 与其期望值的差，输入变量 u 取 LQR 控制器的输出。其状态方程的参数矩阵 $\boldsymbol{A}$、$\boldsymbol{B}$、$\boldsymbol{C}$、$\boldsymbol{D}$ 分别如下：

$$\boldsymbol{A} = \begin{bmatrix} 0 & 1 & 0 & 0 & 0 & 0 & 0 & 0 & 0 \\ 0 & 0 & 0 & 0 & 0 & 0 & 0 & 0 & 0 \\ 1 & 0 & 0 & 0 & 0 & 0 & 0 & 0 & 0 \\ 0 & 0 & 0 & 0 & 1 & 0 & 0 & 0 & 0 \\ 0 & 0 & 0 & 0 & 0 & 0 & 0 & 0 & 0 \\ 0 & 0 & 0 & 1 & 0 & 0 & 0 & 0 & 0 \\ 0 & 0 & 0 & 0 & 0 & 0 & 0 & 1 & 0 \\ 0 & 0 & 0 & 0 & 0 & 0 & 0 & 0 & 0 \\ 0 & 0 & 0 & 0 & 0 & 0 & 1 & 0 & 0 \end{bmatrix} \qquad (6.15)$$

$$\boldsymbol{B} = \begin{bmatrix} 0 & 0 & 0 & 0 \\ -\dfrac{K_{\mathrm{fc}}l_{\mathrm{f}}}{J_{\mathrm{p}}} & \dfrac{K_{\mathrm{fc}}l_{\mathrm{f}}}{2J_{\mathrm{p}}} & \dfrac{K_{\mathrm{fc}}l_{\mathrm{f}}}{2J_{\mathrm{p}}} & 0 \\ 0 & 0 & 0 & 0 \\ 0 & 0 & 0 & 0 \\ 0 & \dfrac{\sqrt{3}\,K_{\mathrm{fc}}l_{\mathrm{f}}}{2J_{\mathrm{r}}} & -\dfrac{\sqrt{3}\,K_{\mathrm{fc}}l_{\mathrm{f}}}{2J_{\mathrm{r}}} & 0 \\ 0 & 0 & 0 & 0 \\ 0 & 0 & 0 & 0 \\ 0 & 0 & 0 & \dfrac{K_{\mathrm{fc}}l_{\mathrm{f}}}{2J_{\mathrm{y}}} \\ 0 & 0 & 0 & 0 \end{bmatrix} \qquad (6.16)$$

$$\boldsymbol{C} = \begin{bmatrix} 1 & 0 & 0 & 0 & 0 & 0 & 0 & 0 & 0 \\ 0 & 0 & 0 & 1 & 0 & 0 & 0 & 0 & 0 \\ 0 & 0 & 0 & 0 & 0 & 0 & 1 & 0 & 0 \end{bmatrix} \qquad (6.17)$$

$$\boldsymbol{D} = \begin{bmatrix} 0 & 0 & 0 & 0 \\ 0 & 0 & 0 & 0 \\ 0 & 0 & 0 & 0 \end{bmatrix} \qquad (6.18)$$

其中，矩阵 B 中的参数 K_{fc} 是力系数，l_f 是旋翼中心到旋转轴轴心的距离，J_p、J_r、J_y 分别表示机体绕俯仰轴转动的转动惯量、机体绕滚转轴转动的转动惯量、机体绕偏航轴转动的转动惯量。代入具体的参数值，可以得到矩阵 B。

　　由系统的状态方程可知，系统开环不稳定，在此引入满足系统性能要求的状态反馈矩阵 K。图 6-8 为 LQR 控制框图。给定输入变量 r，经过 LQR 控制器后，得到控制器调节变量 u。控制器调节变量对被控对象进行调节，得到输出变量 y。输出变量 y 反馈到状态反馈矩阵 K，与输入变量形成状态反馈系统。

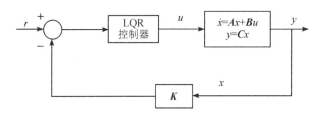

图 6-8　LQR 控制框图

　　LQR 控制器中需要四个参数，其中系统矩阵 A 和输入矩阵 B 已知，其余两个参数矩阵为 Q 和 R，它们均为对角矩阵。通过调节主对角系数，可以针对不同的优化取向对控制器进行设计，若希望增大输出，可以加大参数，反之亦可。可以根据实际情况对其进行调试以寻找最优的平衡点。

6.3.4　仿真与分析

　　在 Matlab 中用 Simulink 对 LQR 控制器进行仿真，系统框图如图 6-9 所示。

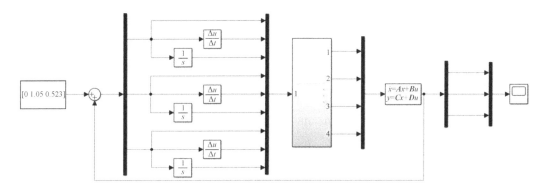

图 6-9　LQR 控制器系统框图

输入滚转角、俯仰角、偏航角分别为 0°、60°和 30°，LQR 控制器具体如图 6 - 10 所示。

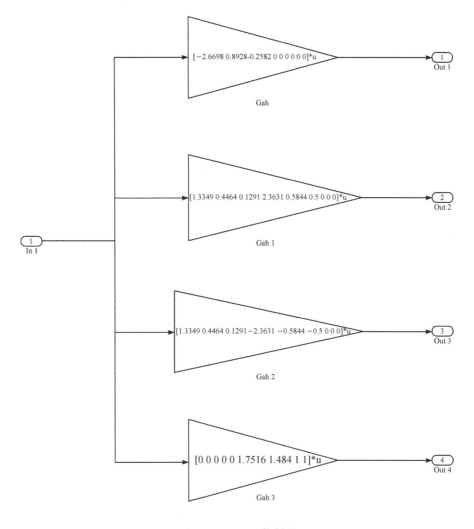

图 6 - 10　LQR 控制器

姿态角仿真图如图 6 - 11 所示。从图 6 - 11 中可以看出系统的运行效果，稳态时的误差为 0，过渡时间在 5.5 s 达到稳态，超调量比较小，仿真效果比较理想。

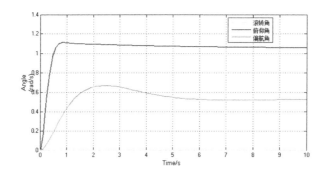

图 6-11　姿态角仿真图

6.3.5　LQR 控制核心程序

LQR 控制核心程序如下：

main. m

```
A=[0 1 0 0 0 0 0 0 0;0 0 0 0 0 0 0 0 0;1 0 0 0 0 0 0 0 0;0 0 0 1 0 0 0 0;0 0 0 0 0 0 0 0 0;0 0 0
    1 0 0 0 0 0;0 0 0 0 0 0 1 0 0;0 0 0 0 0 0 0 0 0;0 0 0 0 0 0 1 0 0];
B=[0 0 0 0;−4.5039 2.2520 2.2520 0;0 0 0 0;0 0 0 0;0 7.0225 −7.0225 0;0 0 0 0;0 0 0 0;0
    0 0 2.9131;0 0 0 0];
q1=[10 0.01 0.1 10 0.01 0.5 0.1 1 1];
Q=diag(q1);
r1=[1 1 1 1];
R=diag(r1);
K=lqr(A, B, Q, R)
```

 ## 6.4　自抗扰控制

6.4.1　自抗扰控制简介

自抗扰控制（Active Disturbance Rejection Control，ADRC）是一种现代控制方法，主要目的是克服系统内部和外部的扰动对控制系统性能的影响。它通过建立一个实时的扰动观测器来估计和补偿扰动对系统引起的影响，从而提高控制系统的稳定性和鲁棒性。

自抗扰控制的核心思想是将系统内部和外部的扰动视为控制系统的输入，类似于一个未知的输入信号，并通过一个实时的扰动观测器来估计和补偿这些扰动。扰动观测器是一个动态系统，它的输出表示估计的扰动信号，该信号与实际扰动信号的差异被用来修正控制系统的输出，以减小扰动的影响。

自抗扰控制可以有效地抑制系统的扰动，并能提供良好的鲁棒性和跟踪性能，而且无须准确的数学模型，就可以应对复杂的系统和未知的扰动。此外，自抗扰控制还具有较高的适应性和抗干扰能力，能够在复杂环境下保持良好的控制性能。

自抗扰控制是一种先进的控制方法，可以有效地应对系统内外部的扰动，并提高控制系统的性能和稳定性，在工业自动化和控制领域具有广泛的应用潜力。

6.4.2　基本原理

自抗扰控制器主要由三部分组成，分别是跟踪微分器(Tracking Differentiator，TD)、扩张状态观测器(Extended State Observer，ESO)和非线性状态误差反馈(Nonlinear State Error Feedback，NLSEF)。以二阶对象控制为例，其控制器结构如图 6-12 所示。

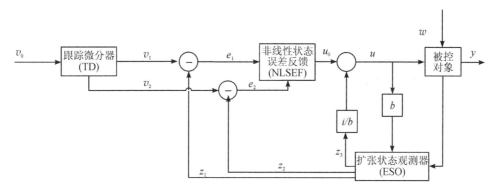

图 6-12　二阶自抗扰控制器结构框图

(1) 给定输入信号 v_0，经过跟踪微分器后，产生两个信号 v_1 和 v_2，其中 v_1 跟踪 v_0，v_2 是 v_1 的微分。

(2) 输出信号 y 经过扩张状态观测器产生反馈信号 z_1、z_2、z_3。其中 z_1 是对输出信号的跟踪，z_2 是其微分，z_3 是对总扰动的跟踪。

(3) v_1 与 z_1 作差，v_2 与 z_2 作差，分别产生误差信号 e_1 和 e_2。经过非线性状态误差反馈后产生 u_0，u_0 是非线性状态误差反馈后的中间变量，再经过动态补偿产生控制律 u。

(4) 控制律 u 经过被控对象，同时受到外部扰动 w 的影响，经过内部处理，最终输出结果 y。

1. 跟踪微分器

实际上被控对象的输出是连续的，而给定信号通常是离散的。为了使控制器实现更好的控制效果，需要让跟踪微分器给期望信号一个过渡。跟踪微分器将给定信号作为输入，得到一个抖振极小的跟踪信号和跟踪信号的各阶微分信号，获得的跟踪信号具有超调小和收敛速度快的优点。针对 n 阶被控对象，n 阶跟踪微分器可设计为

$$\begin{cases} \dot{v}_1 = v_2 \\ \dot{v}_2 = v_3 \\ \quad\vdots \\ \dot{v}_n = -r\mathrm{fal}(v_1 - v, a_0, \delta_0) \end{cases} \tag{6.19}$$

$$\mathrm{fal}(e, \alpha, \delta) = \begin{cases} |e|^\alpha \mathrm{sgn}(e), & |e| > \delta \\ \dfrac{e}{\delta^{1-\alpha}}, & |e| \leqslant \delta \end{cases} \tag{6.20}$$

其中，r 为跟踪微分器的速度因子，控制跟踪速度；v_1 为跟踪信号，$[v_2, v_3, \cdots, v_n]$ 为 v_1 的各阶微分信号；fal 为非线性函数，起到滤波作用；e 为误差；α 为非线性因子，其取值范围为 $0 < \alpha \leqslant 1$，取值为 1 时，控制器为线性型；δ 为滤波因子。

2. 扩张状态观测器

自抗扰控制器中，扩张状态观测器的作用是对系统中存在的扰动、未知不确定性影响的总和进行观测和估计，并将观测值作为一个新的状态变量，继续进行补偿与控制。以 n 阶非线性系统为例：

$$\begin{cases} e_1 = z_1 - y \\ \dot{z}_1 = z_2 - \beta_1\mathrm{fal}(e_1, \alpha_1, \delta_1) \\ \quad\vdots \\ \dot{z}_n = z_{n+1} - \beta_n\mathrm{fal}(e_1, \alpha_n, \delta_n) \\ \dot{z}_{n+1} = -\beta_{n+1}\mathrm{fal}(e_1, \alpha_{n+1}, \delta_{n+1}) \end{cases} \tag{6.21}$$

其中，$[\beta_1, \beta_2, \cdots, \beta_{n+1}]$ 是误差校正增益；$[z_1, z_2, \cdots, z_n]$ 是观测被控对象状态变量及其各阶导数；z_{n+1} 是观测被控对象的总扰动。

3. 非线性状态误差反馈

在传统 PID 控制中，利用三个参数 K_p、K_i、K_d 分别与误差、误差的积分、误差的微分量相乘，最后再相加，即可得到控制器输出的控制量。虽然 PID 控制机制不需要完全了解被控对象精确的数学模型，但受到传统控制理论发展的约束，只是对系统的误差进行线性化和加权处理。由于不能同时兼顾快速性和超调量两个指标，因此，自抗扰控制中提出了对于状态误差的多种不同处理形式，在一定程度上，提高了控制器的性能。

非线性状态误差反馈利用总扰动对被控对象方程补偿后，就能调制出自抗扰控制器的输出。针对 n 阶被控对象，设计 n 阶非线性状态误差反馈控制律，其数学形式通常为

$$\begin{cases} u_0 = \beta_1 \mathrm{fal}(v_1 - z_1, \alpha, \delta) + \cdots + \beta_n \mathrm{fal}(v_n - z_n, \alpha, \delta) \\ u = u_0 - \dfrac{z_{n+1}}{b} \end{cases} \tag{6.22}$$

其中，β_1，β_2，$\cdots$，β_n 为误差增益。

6.4.3　基于自抗扰控制器的设计

由于四旋翼无人机系统的非线性、欠驱动、强耦合、模型不确定性、易受外界干扰的特性，采用经典的控制方法已不能满足高性能的要求。从四旋翼无人机的动力学模型可以得到，滚转、俯仰和偏航三个通道相互耦合，而自抗扰控制器不需要解耦，避开了设计难点。通过将不同通道的相互关系当作内部扰动，外部环境的影响当作外部扰动，对不同通道各自独立使用扩张状态观测器来进行实时监测和动态补偿，巧妙地实现了"解耦"，将每个非线性通道变为积分串联型线性系统。系统整体结构框图如图 6-13 所示。

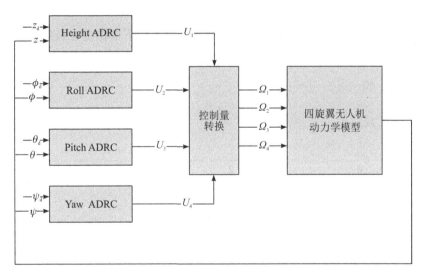

图 6-13　基于自抗扰控制器的系统整体结构框图

从图 6-13 中可知，系统包括四个相互独立的控制回路，各自使用自抗扰控制器，分别为高度回路、俯仰角回路、滚转角回路和偏航角回路。

在自抗扰理论下，四旋翼无人机的动力学模型可以改写为如下形式：

$$
\begin{cases}
\ddot{z} = f_1(z,\dot{z}) + \omega_1 + \dfrac{1}{m}U_1 \\[2mm]
\ddot{\phi} = f_2(\phi,\dot{\phi},\theta,\dot{\theta},\psi,\dot{\psi}) + \omega_2 + \dfrac{1}{I_x}U_2 \\[2mm]
\ddot{\theta} = f_3(\phi,\dot{\phi},\theta,\dot{\theta},\psi,\dot{\psi}) + \omega_3 + \dfrac{1}{I_y}U_3 \\[2mm]
\ddot{\psi} = f_4(\phi,\dot{\phi},\theta,\dot{\theta},\psi,\dot{\psi}) + \omega_4 + \dfrac{1}{I_z}U_4
\end{cases}
\tag{6.23}
$$

其中，$f_i(\cdot)$ 为系统内部扰动，是内部互相耦合关系；ω_i 为外部扰动；m 为四旋翼无人机的起飞重量。

6.4.4 仿真与分析

设定四旋翼无人机三个姿态角的初始值分别为滚转角 $\phi=30°$，俯仰角 $\theta=15°$，偏航角 $\psi=10°$。初始高度为 $z=0$ m，要求在 $z=2$ m 时实现稳定，仿真结果如图 6-14～图 6-17 所示。

经过 1.8 s 左右，三个姿态角和高度在初始条件的变化下都稳定在最终要求的值，实现了稳定，在内外部扰动的情况下，没有发生明显振荡，说明控制效果是较为理想的。

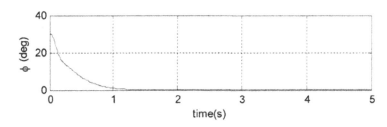

图 6-14 滚转角 ϕ 的变化

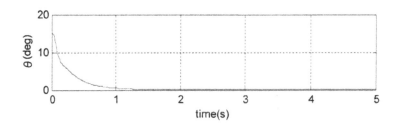

图 6-15 俯仰角 θ 的变化

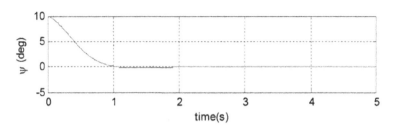

图 6 - 16　偏航角 ψ 的变化

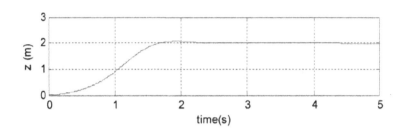

图 6 - 17　高度 z 的变化

6.4.5　自抗扰控制器设计的相关程序

自抗扰控制器设计的相关程序如下：

Drone. m

function [sys，x0，str，ts]＝Drone(t，x，u，flag)

switch flag，

  case 0，

    [sys，x0，str，ts]＝mdlInitializeSizes；

  case 1，

    sys＝mdlDerivatives(t，x，u)；

  case 2，

    sys＝mdlUpdate(t，x，u)；

  case 3，

    sys＝mdlOutputs(t，x，u)；

  case 4，

    sys＝mdlGetTimeOfNextVarHit(t，x，u)；

  case 9，

    sys＝mdlTerminate(t，x，u)；

```
    otherwise
        DAStudio.error('Simulink：blocks：unhandledFlag'，num2str(flag))；
end
function [sys，x0，str，ts]=mdlInitializeSizes
sizes=simsizes；
sizes.NumContStates   =12；
sizes.NumDiscStates   =0；
sizes.NumOutputs      =12；
sizes.NumInputs       =4；
sizes.DirFeedthrough=0；
sizes.NumSampleTimes=1；
sys=simsizes(sizes)；
x0   =[0 0 0 0 0 0 0 0 0 0 0 0]；
str=[]；
ts   =[0 0]；
function sys=mdlDerivatives(t，x，u)
m=1.000；
l=0.240；
Ix=0.0081；
Iy=0.0081；
Iz=0.0142；
g=9.81；
U1=u(1)；
U2=u(2)；
U3=u(3)；
U4=u(4)；
phi=x(1)；
theta=x(2)；
psi=x(3)；
phi_rate=x(4)；
theta_rate=x(5)；
psi_rate=x(6)；
Dx=x(7)；
Dy=x(8)；
Dz=x(9)；
Vx=x(10)；
```

```
Vy＝x(11)；
Vz＝x(12)；
%一阶
dphi＝phi_rate；
dtheta＝theta_rate；
dpsi＝psi_rate；
%二阶
dphi_rate＝((Iy－Iz)/Ix) * theta_rate * psi_rate＋(l/Ix) * U2；
dtheta_rate＝((Iz－Ix)/Iy) * phi_rate * psi_rate＋(1/Iy) * U3；
dpsi_rate＝((Ix－Iy)/Iz) * phi_rate * theta_rate＋(1/Iz) * U4；
%二阶
dVx＝(cos(phi) * sin(theta) * cos(psi)＋sin(phi) * sin(psi)) * (1/m) * U1；
dVy＝(cos(phi) * sin(theta) * cos(psi)－sin(phi) * sin(psi)) * (1/m) * U1；
dVz＝－g＋cos(phi) * cos(theta) * (1/m) * U1；
sys＝[dphi; dtheta; dpsi; dphi_rate; dtheta_rate; dpsi_rate; Vx; Vy; Vz; dVx; dVy; dVz]；
function sys＝mdlUpdate(t, x, u)
sys＝[]；
function sys＝mdlOutputs(t, x, u)
phi＝x(1)；
theta＝x(2)；
psi＝x(3)；
phi_rate＝x(4)；
theta_rate＝x(5)；
psi_rate＝x(6)；
Dx＝x(7)；
Dy＝x(8)；
Dz＝x(9)；
Vx＝x(10)；
Vy＝x(11)；
Vz＝x(12)；
sys＝[phi; theta; psi; phi_rate; theta_rate; psi_rate; Dx; Dy; Dz; Vx; Vy; Vz]；
function sys＝mdlGetTimeOfNextVarHit(t, x, u)
sampleTime＝0.01；
sys＝t＋ sampleTime；
function sys＝mdlTerminate(t, x, u)
sys＝[]；
```

本 章 小 结

控制模块是确保四旋翼无人机能够正常飞行的关键部件。本章着重介绍了常用的三种四旋翼无人机控制方法，分别是 PID 控制、LQR 控制和自抗扰控制。本章还讨论了每种方法的优点和可行性，并且在每种方法中都给出了相关的 Matlab 程序，便于读者学习和思考。

 **习 题**

1. 三种控制方法各自的特点是什么，有哪些优缺点？

2. 简述 PID 控制律的含义并说明各控制作用的功能。

3. PID 方法对四旋翼无人机进行参数整定时，要遵循什么规则？

4. PID 方法有哪些特点，如何对其方法进行改进？

5. 简述 LQR 方法中 QR 矩阵选取原则。

6. 如何对四旋翼无人机进行力学建模，怎么进一步进行数学建模，两个模型之间有什么关联和区别？

7. 四旋翼无人机空间状态表达式的各个矩阵代表系统有什么特点，以及它们各个参数是什么？

8. 自抗扰控制器由哪些部分组成，各个部分设计重点在哪里？

9. 简述自抗扰控制器与 PID 控制器的区别和联系。

10. 自抗扰控制律如何选取，除了本章中提到的还有哪些控制律？

11. 关于四旋翼无人机的控制律有很多，除了文中提到的四种，还有哪些常用的控制方法，它们与本文方法相比，各自的特点和优势在哪里？

第 7 章　四旋翼无人机的优化控制

7.1　引　言

滑模控制(Sliding Mode Control)是一种非线性控制方法,用于设计具有强鲁棒性的控制系统。滑模控制的核心是通过引入一个滑模面,将系统的状态轨迹引导至该滑模面上,并在滑模面上实现系统的稳定性和鲁棒性。在滑模控制中,首先需要确定系统的滑模面,滑模面由一个或多个状态变量的线性组合构成,通常设计为一个超平面。滑模控制的目标是使系统的状态轨迹在极短的时间内到达滑模面并保持在滑模面上运动。该控制具有较强的鲁棒性,对于不确定的参数和外部扰动都有不错的抑制能力。然而,滑模控制也存在一些挑战,如高频振荡、控制输入的开关等。

小脑模型神经网络控制器(Cerebellar Model Articulation Controller,CMAC)是一种基于神经网络的模糊控制器,它的基本思想是将输入-输出映射关系存储在一个记忆表(Memory Table)的二维阵列中。CMAC 利用记忆表进行模糊推理,将输入映射到相应的输出。其中,CMAC 的输入是根据实际的输入离散化得到的,输出则是根据记忆表中相应的映射值计算得到的。

因此,将二者结合,得到的滑模-CMAC 方法在非线性系统控制中具有一定的优势,能够克服传统控制方法在非线性系统中的局限性,具有良好的自适应性和鲁棒性,对系统的参数变化和外部扰动具有较强的抑制能力。

7.2 滑模控制器的设计

7.2.1 滑模控制器简介

滑模控制具有较强的鲁棒性,适用于复杂多变的非线性系统。将滑模控制的原理引入四旋翼无人机的控制律之中,可得出

$$
\begin{cases}
\ddot{x} = U_1 \dfrac{(\sin\theta\cos\psi\cos\phi + \sin\psi\sin\phi)}{m} \\[2mm]
\ddot{y} = U_1 \dfrac{(\sin\theta\cos\psi\cos\phi - \sin\psi\sin\phi)}{m} \\[2mm]
\ddot{z} = U_1 \dfrac{(\cos\theta\cos\phi)}{m} - g \\[2mm]
\ddot{\phi} = \dfrac{I_y - I_z}{I_x}\dot{\psi}\dot{\theta} + \dfrac{U_2}{I_x} \\[2mm]
\ddot{\theta} = \dfrac{I_z - I_x}{I_y}\dot{\psi}\dot{\phi} + \dfrac{U_3}{I_y} \\[2mm]
\ddot{\psi} = \dfrac{I_y - I_x}{I_z}\dot{\theta}\dot{\phi} + \dfrac{U_4}{I_z}
\end{cases}
\tag{7.1}
$$

引入阻力系数 K_i、扰动系数 d_i 及拉格朗日方程,可得四旋翼无人机动力学模型为

$$
\begin{cases}
\ddot{x} = U_1(\cos\phi\sin\theta\cos\psi + \sin\phi\sin\psi) - \dfrac{K_1\dot{x}}{m} + d_1 \\[2mm]
\ddot{y} = U_1(\sin\phi\sin\theta\cos\psi - \cos\phi\sin\psi) - \dfrac{K_2\dot{y}}{m} + d_2 \\[2mm]
\ddot{z} = U_1\cos\phi\cos\psi - g - \dfrac{K_3\dot{z}}{m} + d_3 \\[2mm]
\ddot{\theta} = U_2 - \dfrac{lK_4\dot{\theta}}{I_1} + d_4 \\[2mm]
\ddot{\psi} = U_3 - \dfrac{lK_5\dot{\psi}}{I_2} + d_5 \\[2mm]
\ddot{\phi} = U_4 - \dfrac{lK_6\dot{\phi}}{I_3} + d_6
\end{cases}
\tag{7.2}
$$

其中,l 表示机臂长度,$I_i(i=1,2,3)$ 表示惯性力矩,系统选择跟踪航迹 $[x,y,z]$ 和滚转

角 ϕ，同时使另外两个角度稳定，由此来设计位置和姿态控制律。

7.2.2 位置控制器的设计

设计位置控制律，实现 $x \to 0$，$y \to 0$，$z \to z_d$ 的转化，由式(7.2)得

$$
\begin{cases}
u_{1x} = U_1(\cos\phi\sin\theta\cos\psi + \sin\phi\sin\psi) \\
u_{1y} = U_1(\sin\phi\sin\theta\cos\psi - \cos\phi\sin\psi) \\
u_{1z} = U_1\cos\phi\cos\psi
\end{cases}
\tag{7.3}
$$

其中，u_{1x}，u_{1y}，u_{1z} 为机体坐标系下控制信号 U_1 在三个方向上的分量，在滑模控制器下表示为输出量，则位置状态模型变为

$$
\begin{cases}
\ddot{x} = u_{1x} - \dfrac{K_1\dot{x}}{m} + d_1 \\[2mm]
\ddot{y} = u_{1y} - \dfrac{K_2\dot{y}}{m} + d_2 \\[2mm]
\ddot{z} = u_{1z} - \dfrac{K_3\dot{z}}{m} - g + d_3
\end{cases}
\tag{7.4}
$$

设计滑模函数 $s(x)$：

$$
\begin{cases}
s_1 = c_1 x + \dot{x}, \quad c_1 > 0 \\
s_2 = c_2 y + \dot{y}, \quad c_2 > 0 \\
s_3 = c_3 z_e + \dot{z}_e, \quad c_3 > 0, \quad z_e = z - z_d
\end{cases}
\tag{7.5}
$$

其中，c_1、c_2、c_3 分别为第一、二、三位置子系统参数；z_e 为系统误差，i_d 为位置控制律参数。对于第一位置子系统，有

$$
\dot{s}_1 = c_1\dot{x} + \ddot{x}
\tag{7.6}
$$

设计趋近律为

$$
\dot{s}_1 = -k_1 s_1 - \eta_1 \mathrm{sgn}(s_1)
\tag{7.7}
$$

可得滑模控制律为

$$
u_{1x} = -c_1\dot{x} + \frac{K_1\dot{x}}{m} - k_1 s_1 - \eta_1 \mathrm{sgn}(s_1)
\tag{7.8}
$$

其中，η_1（第一位置趋近律正系数）$\geqslant d_1$，k_1（第一位置趋近律正系数）>0。取李雅普诺夫函数 $V_1 = s_1^2/2$，由李雅普诺夫函数判定系统稳定性，可得

$$
\dot{V}_1 = s_1\dot{s}_1 = (-k_1 s - \eta_1\mathrm{sgn}(s_1) + d_1)s_1
\tag{7.9}
$$

为在有限时间内达到稳定，将李雅普诺夫第二条件进行修改，即 $\dot{V} \leqslant -\alpha V^{1/2}$，确保 x 和 $\dot{x}$ 指数收敛于零。由此可得第二、三位置子系统的滑模控制律分别为

$$u_{1y} = -c_2\dot{y} + \frac{K_2\dot{y}}{m} - k_2 s_2 - \eta_2 \text{sgn}(s_2) \tag{7.10}$$

$$u_{1z} = -c_3\dot{z}_e + g + \frac{K_3\dot{z}}{m} + \ddot{z}_d - k_3 s_3 - \eta_3 \text{sgn}(s_3) \tag{7.11}$$

其中，k_2、k_3 分别为第二、三位置趋近律正系数；η_2、η_3 分别为第二、三位置趋近律正系数。

若满足滑模控制所需的姿态角为 θ_d 和 ψ_d，为了实现 ϕ_d 对姿态角的跟踪，由式(7.2)可得

$$\psi_d = \arctan\left(\frac{\sin\phi_d\cos\phi_d \cdot u_{1x} - \cos^2\phi_d \cdot u_{1y}}{u_{1z}}\right) \tag{7.12}$$

$$\theta_d = \arcsin\left(\frac{\cos\phi_d(\cos\phi_d \cdot u_{1x} + \sin\phi_d \cdot u_{1y})}{u_{1z}}\right) \tag{7.13}$$

当 $x = \cos\phi_d(\cos\phi_d u_{1x} + \sin\phi_d u_{1y})/u_{1z}$ 时，为了确保 θ_d 存在，需设定 x 的取值范围为 $[-1,1]$。

7.2.3 姿态控制器的设计

由于抖振现象对系统的影响，为消除系统相对阶限制，实现有限时间的稳定控制，利用高阶滑模控制理论，对于姿态子系统，设计姿态控制器，完成 $\theta \to \theta_d$，$\psi \to \psi_d$，$\phi \to \phi_d$ 的转化。

$$\begin{cases} \ddot{\theta} = U_2 - \frac{lK_4\dot{\theta}}{I_1} + d_4 \\ \ddot{\psi} = U_3 - \frac{lK_5\dot{\psi}}{I_2} + d_5 \\ \ddot{\phi} = U_4 - \frac{lK_6\dot{\phi}}{I_3} + d_6 \end{cases} \tag{7.14}$$

其中，U_2、U_3 和 U_4 为飞行控制系统中的控制信号，在姿态控制律下为输出量，针对式(7.14)设计滑模函数 $s(x)$：

$$\begin{cases} s_4 = c_4\theta_e + \dot{\theta}_e, & c_4 > 0, \theta_e = \theta - \theta_d \\ s_5 = c_5\psi_e + \dot{\psi}_e, & c_5 > 0, \psi_e = \psi - \psi_d \\ s_6 = c_6\phi_e + \dot{\phi}_e, & c_6 > 0, \phi_e = \phi - \phi_d \end{cases} \tag{7.15}$$

其中，c_4、c_5 和 c_6 分别为第一、二、三姿态子系统参数。对于第一姿态子系统求导，有

$$\dot{s}_4 = c_4\dot{\theta}_e + \ddot{\theta}_e = c_4\dot{\theta}_e + u_2 - \frac{lK_4\dot{\theta}}{I_1} + d_4 - \ddot{\theta}_d \tag{7.16}$$

滑模控制律为

$$U_2 = -c_4 \dot{\theta}_e + \frac{lK_4 \dot{\theta}}{I_1} + \ddot{\theta}_d - k_4 s_4 - \eta_4 \mathrm{sgn}(s_4) \tag{7.17}$$

其中，η_4（第一姿态趋近律正系数）$\geqslant d_4$，k_4（第一姿态趋近律正系数）>0，则

$$\dot{s}_4 = -k_4 s_4 - \eta_4 \mathrm{sgn}(s_4) + d_4 \tag{7.18}$$

取 $V_4 \leqslant 0.5 s_4^2$，则

$$\dot{V}_4 = s_4 \dot{s}_4 = -k_4 s_4^2 - \eta_4 |s_4| + d_4 \tag{7.19}$$

由于 $s_4 \leqslant -K_4 s_4^2$，在 s_4 指数收敛的同时，也要确保 θ 和 θ_d 指数收敛于零。第二、三姿态子系统的滑模控制律为

$$U_3 = -c_5 \dot{\psi}_e + \frac{lK_5 \dot{\psi}}{I_2} + \ddot{\psi}_d - k_5 s_5 - \eta_5 \mathrm{sgn}(s_5) \tag{7.20}$$

$$U_4 = -c_6 \dot{\phi}_e + \frac{lK_6 \dot{\phi}}{I_3} + \ddot{\phi}_d - k_6 s_6 - \eta_6 \mathrm{sgn}(s_6) \tag{7.21}$$

其中，k_4、k_5 为第二、三姿态趋近律正系数；η_5、η_6 为第二、三姿态趋近律正系数。

7.2.4　微分器的设计

上述计算需要用到中间指令 θ 和 θ_d 的一、二阶导数，x_1 表示信号跟踪，x_2 和 x_3 分别表示信号一阶和二阶导数的估计值，$\upsilon(t)$ 为需要进行微分的输入信号。利用限时收敛的三阶微分器，设置初始值为 0，令 $\varepsilon = 0.04$，可得

$$\begin{cases} \dot{x}_1 = x_2 \\ \dot{x}_2 = x_3 \\ \varepsilon^3 \dot{x}_3 = -2^{3/5} 4(x_1 - \upsilon(t) + (\varepsilon x_2)^{9/7})^{1/3} - 4(\varepsilon^2 x_3)^{3/5} \\ y_1 = x_2 \\ y_2 = x_3 \end{cases} \tag{7.22}$$

在实际应用中，由于积分的链式结构，噪声仅存在最后一层，能够充分抑制噪声。

图 7-1 为基于滑模控制的无人机模型框架，由两个子系统控制器组成内外闭环控制系统。首先系统总控制器获取控制信号值，即 x_d、y_d、z_d 和 ϕ_d，传到位置子系统控制器，经滑模控制器作用，产生位置子系统的控制信号 U_1 和虚拟姿态角 θ_d、ψ_d。姿态子系统控制器通过 θ_d、ψ_d 及输入的控制信号 ϕ_d，经滑模控制器处理得到传给姿态子系统的三个控制信号 U_2、U_3、U_4。然后姿态子系统进行姿态角输出的同时也把这三个姿态角传给位置子系统，位置子系统根据三个姿态角和位置子系统产生的控制信号计算输出的位置信息。此外，位置信息也作为反馈传给位置子系统与姿态子系统构成闭环系统。

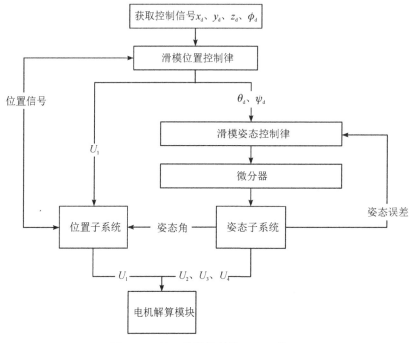

图 7-1 基于滑模控制的无人机模型

7.3 滑模-CMAC 联合控制算法设计

小脑神经网络可以实现学习任意多维的非线性拟合，具有非线性映射能力强、学习速度快的特点。滑模控制器动态响应快、鲁棒性好，但在实际中，状态空间输出量会在滑模面之间穿越，使系统易产生振荡。针对 CMAC 实时性好、学习时间短、可以局部逼近非线性函数的特点，提出滑模-CMAC 联合控制，并将其应用于四旋翼无人机的位置和姿态跟踪，使控制精度得到大幅提升。

CMAC 的基本思想是把学习的权值信息存储在一个权值矩阵中，当有新的学习信号输入时，CMAC 可以自适应地学习并改变权值矩阵中的内容，对学习到的输入进行分类存储，来表达复杂的非线性函数。即相似的输入会产生相似的输出，远离的输入会产生独立的输出。根据 CMAC 神经网络的定义内容，假设每一维输入都有 m 层，第一层有 nb 块，则总块数为

$$M = m \cdot (nb - 1) + 1 \tag{7.23}$$

以二维输入为例，如图 7-2 所示，每一维有 4 层，每一层有 2 块，即 $m=4$，$nb=2$，由式(7.23)得 $M=5$。一旦有信号输入，对各层激活的分块求和便得到与实际物理地址对应

的权值地址值。如图 7-2 所示，假设当前输入 $X=(3.5,3.3)$，根据标线可以看出，x_1 激活的块是 B、D、F、G，而 x_2 激活的是 b、d、f、g。相同层的激活部分进行联合，即 Bb、Dd、Ff、Gg。此时将这四个权值索引对应的权值矩阵值求和，即为 CMAC 神经网络的输出，激活的权值数等于层数。相同维度的块或者不同维度不同层上的块不会联合在一起。据此可计算出输入 n 维向量时，对于每一维具有 m 层和 nb 块的 CMAC，全部可能使用到的权值个数为 W，则

$$W = m \cdot nb^n \tag{7.24}$$

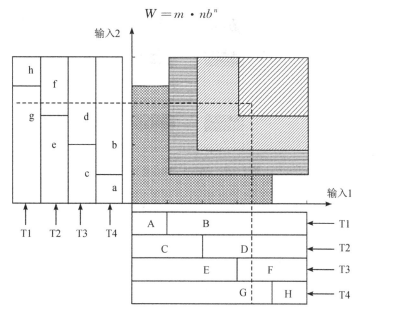

图 7-2　二维 CMAC

CMAC 网络的整体架构如图 7-3 所示，其中：

（1）输入层是与外界沟通的通道，接收外界信号并将其输入内部进行处理。对输入各维根据给定的输入大小范围进行量化，量化后对过渡模块 t 进行处理，即

$$t = (u - x_{\min}) \cdot \frac{M}{(x_{\max} - x_{\min})} \tag{7.25}$$

等分块序号 k 为

$$k = \mathrm{floor}\left(\frac{|t| + m - n}{m}\right) \tag{7.26}$$

式中：n 为当前遍历的层数，floor 为参数向上取整函数。

（2）虚拟联想层在第一层对输入数据进行处理后，把异维同层的权值索引结合，再把所有权值索引求和，可得物理存储的空间地址，为下一步权值读取做准备。

（3）物理存储层按照上一层地址值在实际物理地址上寻找相应的权值。

（4）输出层承接物理存储层，根据选出的权值求和得到输出数据。

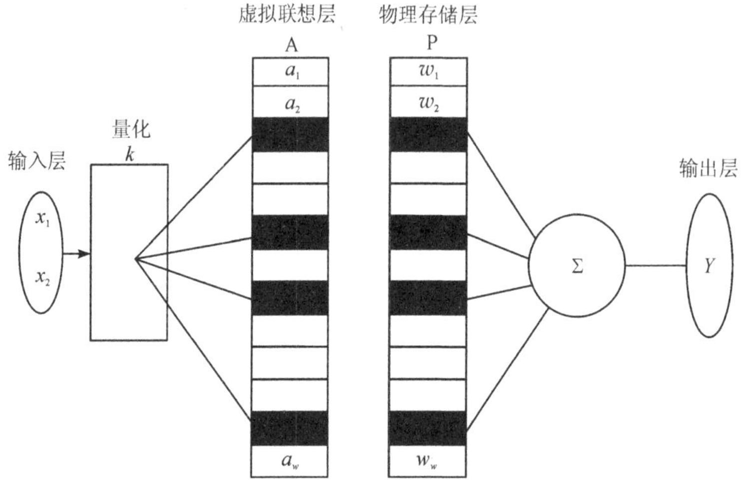

图 7-3　CMAC 网络整体架构

搭建 CMAC 控制器，把功能封装成函数，主要为权值更新函数和输出函数。Simulink 搭载的 CMAC 模型如图 7-4 所示。其中，Ad 为给定信号，A1 为输出反馈信号。把 CMAC 的输入信号设为系统的误差，如图 7-4 中的输入端口 A。η 为权值调整系数，c 为状态激活的单元数。根据输入端口 A 的输入，计算出当前误差下的权值调整值，即

$$\Delta w = \eta \cdot \frac{\mathrm{err}}{c} \tag{7.27}$$

Win 为权值输入，W 为更新处理后的权值输出存储，Out 输出经过 CMAC 处理后的控制器输出值。利用 Data Store Memory 模块进行权值暂存，每一个 Data Store Memory 模块

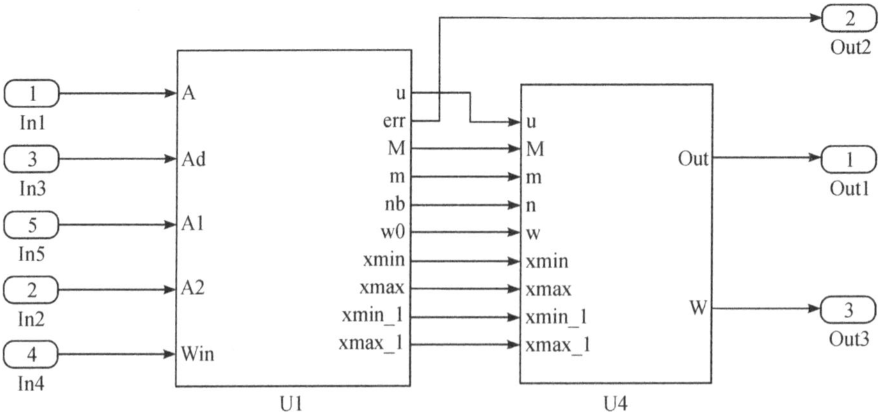

图 7-4　Simulink 搭载的 CMAC 模型

中都对应一个 Data Store Write 和一个 Data Store Read 模块，分别负责存储数据的输出和输入更新功能。通过设定 Data Store Name 与 Data Store Write、Data Store Read 模块一一对应，使模型中可以同时使用多个 Data Store Memory 模块对多个全局变量进行管理存储而不会发生冲突。

储存单元有不同的学习历史，也就存在不同的可信度，这导致未学习时产生的误差与学习后的信息发生冲突，需要较长时间来校正误差。线性动态系统对实时性要求较高，需要根据存储单元的信用重新分配，因此可以使用基于信用积分的 CMAC 神经网络(Credit Points CMAC，CPCMAC)来完成此任务。学习次数可视为可信积分，信用积分越高，权值修正越小，故权值算式可以改写为

$$w_j(t) = w_j(t-1) + \alpha e_j \left[\frac{(f(j)+1)^{-1}}{\sum\limits_{k=1}^{c}(f(k)+1)^{-1}} \right] \tag{7.28}$$

其中，$f(j)$ 为第 j 个存储空间的学习次数，c 为状态激活的单元数，α 为学习常数，e_j 为第 j 个输入期望输出与预测输出的误差。为达到信用积分的要求，激活的单元数和校正误差需要呈反比关系。

为了使系统满足快速响应和解决滑模控制器在平衡位置剧烈振荡的问题，设计一种滑模与 CPCMAC 联合控制系统，其流程图如图 7-5 所示，其结构图如图 7-6 所示。可以看

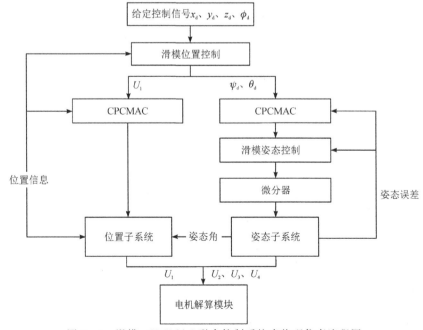

图 7-5　滑模-CPCMAC 联合控制系统半物理仿真流程图

出 CPCMAC 控制器能够在线学习滑模控制器的控制信息,提高输入系统的响应速度,当输入出现大幅扰动时,滑模控制器介入,使系统能够快速稳定。

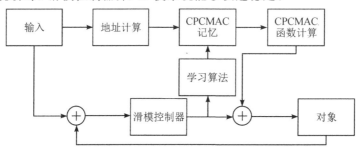

图 7 - 6 滑模-CPCMAC 联合控制系统结构

 # 7.4 系统仿真与结果

7.4.1 仿真流程

验证 Matlab/Simulink 搭载的仿真平台和滑模-CPCMAC 联合控制算法的测试效果,流程如图 7 - 7 所示。在四旋翼无人机和仿真模型通信过程中使用表 7 - 1、表 7 - 2 中所示的数据帧,实时通过串口把油门信号发送至飞行控制器,并把四旋翼无人机的当前状态回传到控制系统上做进一步处理。

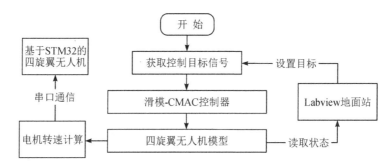

图 7 - 7 测试流程

表 7 - 1 飞行控制器状态信号格式

A	B	C	D	E	F	G	H	I	J
OX88	OXAF	6	数据 1	数据 2	数据 3	数据 4	数据 5	数据 6	0

表 7 - 2　飞行控制器控制信号格式

A	B	C	D	E	F	G	H	I	J	K
88	B	油门 1	B	油门 2	B	油门 3	B	油门 4	AE	换行符

　　程序运行时,从串口接收模块读取无人机发送数据帧中的飞行控制器状态信号(格式如表 7 - 1 所示)进行解码,并获取数据。串口读取无人机状态模块如图 7 - 8 所示。

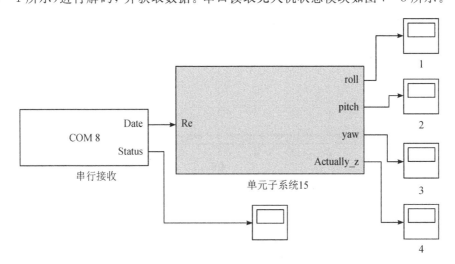

图 7 - 8　串口读取无人机状态模块

　　当模型计算出控制信号 U_1、U_2、U_3 和 U_4 后,通过油门解算模块(如图 7 - 9 所示),得出四个电机的油门值。再利用飞行控制器控制信号格式(如表 7 - 2 所示)进行编码,并通过串口发送模块把数据包发送出去,控制四旋翼无人机根据仿真模型做出相应运动。此时,

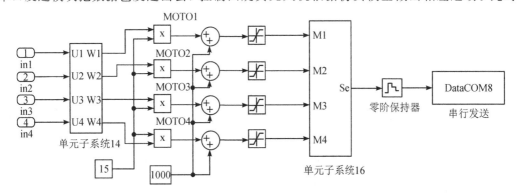

图 7 - 9　油门解算模块

Labview 输出无人机运动状态数据，供飞手读取。

7.4.2　仿真结果

飞行控制算法的姿态控制率给定滚转角 φ 和 z 方向运动位置，即 $x \to 0$，$y \to 0$，$z \to z_d$。在半物理仿真实验中，当给定 $x_d = 0$，$y_d = 5$，$z_d = 5$，$\phi_d = \pi/4$，初始位置 $x = 2$，$y = 1$，$z = 0$ 时，滑模-CPCMAC 联合控制下和滑模控制下位置变化、姿态角变化如图 7-10～图 7-13 所示。可以看出，模型能够迅速且准确地跟上输入给定信号。

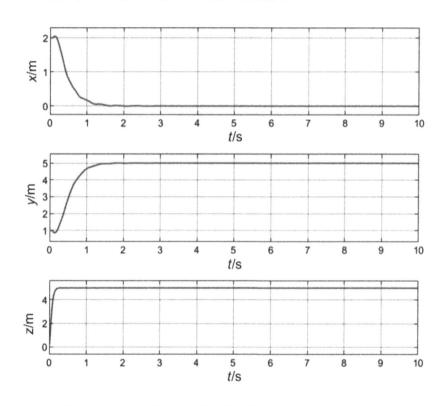

图 7-10　滑模-CPCMAC 联合控制下 x、y 和 z 方向位置变化

由图 7-10 可知，滑模-CPCMAC 联合控制下，x 方向位移在 1.3 s 时收敛，达到稳定；y 方向位移也在 1.3 s 时收敛；z 方向到达目标 5 m 处所需时间约为 0.3 s。由图 7-11 可知，滑模控制下，x 方向位移在 1.8 s 时收敛，达到稳定；y 方向位移也在 1.8 s 处收敛为 0；z 方向到达目标 5 m 处所需时间约为 0.3 s。

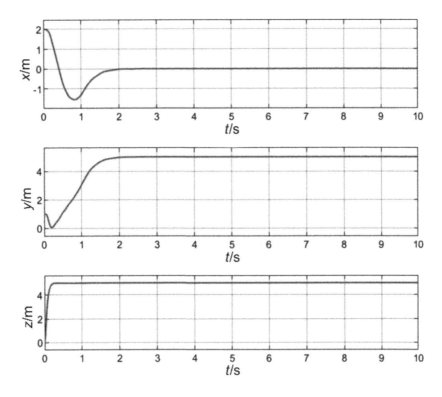

图 7 - 11　滑模控制下 x、y 和 z 方向位置变化

　　由图 7 - 12 和图 7 - 13 可知，滑模-CPCMAC 联合控制下，对于需要跟踪的滚转角，在 0.2 s 时达到稳定，且基本无误差；除此之外，相比于滑模控制，偏航角和俯仰角也能保持在较小的误差范围内。

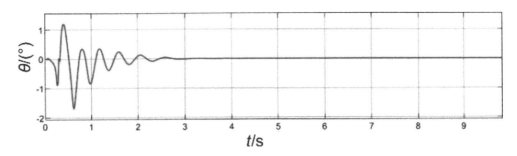

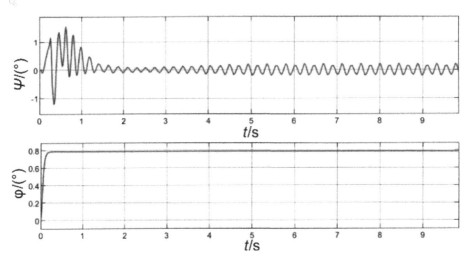

图 7-12　滑模-CPCMAC 联合控制下姿态角的变化

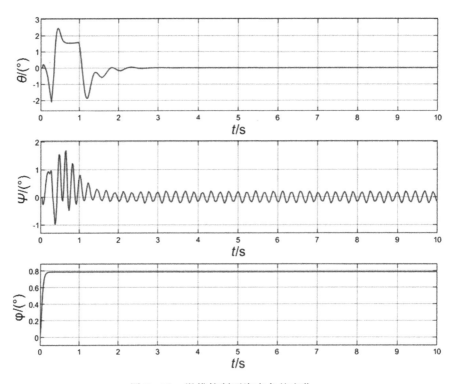

图 7-13　滑模控制下姿态角的变化

7.4.3　源程序

给定 $x_d = 0$，$y_d = 5$，$z_d = 5$，$\phi_d = \pi/4$，初始位置 $x = 2$，$y = 1$，$z = 0$。进行半物理仿真试验，程序代码如下：

```
Actrl. m
function [sys, x0, str, ts]=Actrl(t, x, u, flag)
switch flag,
  case 0,
    [sys, x0, str, ts]=mdlInitializeSizes;
  case 1,
    sys=mdlDerivatives(t, x, u);
  case 3,
    sys=mdlOutputs(t, x, u);
  case {2, 4, 9}
      sys=[];
    otherwise
     error(['Unhandled flag=', num2str(flag)]);
end
function [sys, x0, str, ts]=mdlInitializeSizes
sizes=simsizes;
sizes. NumContStates   =0;
sizes. NumDiscStates   =0;
sizes. NumOutputs      =3;
sizes. NumInputs       =15;
sizes. DirFeedthrough=1;
sizes. NumSampleTimes=1;
sys=simsizes(sizes);
x0   =[];
str=[];
ts   =[0 0];
function sys=mdlOutputs(t, x, u)
UAV_int;
dphid=0; ddphid=0;
thetad=u(1);
psid=u(2);
```

```
dthetad=u(4);
ddthetad=u(5);
dpsid=u(7);
ddpsid=u(8);
theta=u(9); dtheta=u(10);
psi=u(11); dpsi=u(12);
phi=u(13); dphi=u(14);
phid=u(15);
thetae=theta-thetad; dthetae=dtheta-dthetad;
s4=c4 * thetae+dthetae;
psie=psi-psid; dpsie=dpsi-dpsid;
s5=c5 * psie+dpsie;
phie=phi-phid; dphie=dphi-dphid;
s6=c6 * phie+dphie;
delta=0.02;
if abs(s4)>delta
    sat_s4=sign(s4);
else
    sat_s4=1/delta * s4;
end
if abs(s5)>delta
    sat_s5=sign(s5);
else
    sat_s5=1/delta * s5;
end
if abs(s6)>delta
    sat_s6=sign(s6);
else
    sat_s6=1/delta * s6;
end
u2=-c4 * dthetae+1 * K4 * dtheta/I1+ddthetad-k4 * s4-eta4 * sat_s4;
u3=-c5 * dpsie+1 * K5 * dpsi/I2+ddpsid-k5 * s5-eta5 * sat_s5;
u4=-c4 * dphie+1 * K6 * dphi/I3+ddphid-k6 * s6-eta6 * sat_s6;
sys(1)=u2;
sys(2)=u3;
sys(3)=u4;
```

dd1.m 程序

```
function [sys, x0, str, ts]=ddt1(t, x, u, flag)
switch flag,
   case 0,
      [sys, x0, str, ts]=mdlInitializeSizes;
   case 1,
      sys=mdlDerivatives(t, x, u);
   case 3,
      sys=mdlOutputs(t, x, u);
   case {2, 4, 9}
        sys=[];
   otherwise
        error(['Unhandled flag=', num2str(flag)]);
end
function[sys, x0, str, ts]=mdlInitializeSizes
sizes=simsizes;
sizes. NumContStates    =3;
sizes. NumDiscStates    =0;
sizes. NumOutputs       =3;
sizes. NumInputs        =1;
sizes. DirFeedthrough   =1;
sizes. NumSampleTimes=1;
sys=simsizes(sizes);
x0   =[0 0 0];
str=[];
ts   =[0 0];
function sys=mdlDerivatives(t, x, u)
ebs=0.10;
vt=u(1);
temp1=(abs(ebs * x(2))^(9/7)) * sign(ebs * x(2));
temp2=x(1)-vt+temp1;
temp3=abs(ebs^2 * x(3))^(3/5) * sign(ebs^2 * x(3));
sys(1)=x(2);
sys(2)=x(3);
sys(3)=(-2^(3/5) * 4 * temp2-4 * temp3) * 1/ebs^3;
function sys=mdlOutputs(t, x, u)   %状态量输出
```

```
v=u(1);
sys(1)=v;
sys(2)=x(2);
sys(3)=x(3);
```

dd2. m 程序

```
function [sys, x0, str, ts]=ddt2(t, x, u, flag)
switch flag,
    case 0,
        [sys, x0, str, ts]=mdlInitializeSizes;
    case 1,
        sys=mdlDerivatives(t, x, u);
    case 3,
        sys=mdlOutputs(t, x, u);
    case {2, 4, 9}
        sys=[];
    otherwise
        error(['Unhandled flag=', num2str(flag)]);
end
function [sys, x0, str, ts]=mdlInitializeSizes
sizes=simsizes;
sizes. NumContStates   =3;
sizes. NumDiscStates   =0;
sizes. NumOutputs      =3;
sizes. NumInputs       =1;
sizes. DirFeedthrough  =1;
sizes. NumSampleTimes=1;
sys=simsizes(sizes);
x0   =[0 0 0];
str=[];
ts   =[0 0];
function sys=mdlDerivatives(t, x, u)
ebs=0.04;
vt=u(1);
temp1=(abs(ebs * x(2))^(9/7)) * sign(ebs * x(2));
temp2=x(1)-vt+temp1;
temp3=abs(ebs^2 * x(3))^(3/5) * sign(ebs^2 * x(3));
```

```
sys(1)=x(2);
sys(2)=x(3);
sys(3)=(-2^(3/5)*4*temp2-4*temp3)*1/ebs^3;
function sys=mdlOutputs(t,x,u)    %状态量输出
v=u(1);
sys(1)=v;
sys(2)=x(2);
sys(3)=x(3);
G_CMACout. m
function Out=G_CMACout( u,M,m,n,w,xmin,xmax,xmin_1,xmax_1 )
%G_CMACout 为直接使用 CMAC
%Out=zeros(size(w,1),1);%列向量
intsize=4;%输入的维数,u 为列向量,size(u,1)为行数
ad=zeros(1,m);
weight=4000;
Out=0;
    for j=1:1:m    %遍历 CMAC 的每层
        ad(j)=j;    %用于计算权值地址
            t=(u(1)-xmin)*(M)/(xmax-xmin);    %量化,得出 u(i)占几格
            k=floor((abs(t) + m - j)/m);%计算输入属于该层的哪一块,朝负无穷取整
            if k<0
                k=0;
            end
            if k>=n
                k=n-1;
            end
            ad(j)=ad(j) + m*k*n^(3);
            t=(u(2)-xmin)*(M)/(xmax-xmin);    %量化,得出 u(i)占几格
            k=floor((abs(t) + m - j)/m);
            if k<0
                k=0;
            end
            if k>=n
                k=n-1;
            end
            ad(j)=ad(j) + m*k*n^(2);
```

```
        t=(u(3)-xmin) * (M)/(xmax-xmin);    %量化,得出 u(i)占几格
        k=floor((abs(t) + m - j)/m);
        if k<0
            k=0;
        end
        if k>=n
            k=n-1;
        end
        ad(j)=ad(j) + m * k * n^(1);
        t=(u(4)-xmin_1) * (M)/(xmax_1-xmin_1);    %量化,得出 u(i)占几格
        k=floor((abs(t) + m - j)/m);
        if k<0
            k=0;
        end
        if k>=n
            k=n-1;
        end
        ad(j)=ad(j) + m * k * n^(0);
    end
    tt=ad(j);                        %权值矩阵地址,最后一个
    tt1=0; tt2=0; tt3=0; tt4=0; tt5=0; tt6=0; tt7=0; tt8=0;
    t1=1;
    t2=1;
    t3=1;
    t4=1;
    t5=1;
    t6=1;
    t7=1;
    t8=1;
    j=0;
while j<=weight-10
    j=j+10;
        if w(j)==tt
            Out=Out+ w(j-8)+w(j-7)+w(j-6)+w(j-5)+w(j-4)+w(j-3)+w(j-2)+
                w(j-1);
        break
```

```
end
if w(j)==tt-1
    tt2=w(j-7);
    tt3=w(j-6);
    tt4=w(j-5);
    tt5=w(j-4);
    tt6=w(j-3);
    tt7=w(j-2);
    tt8=w(j-1);
    t8=0; t7=0; t6=0; t5=0; t4=0; t3=0; t2=0;
end
    t8=0; t7=0; t6=0; t5=0; t4=0; t3=0;
end
if w(j)==tt-3
    tt4=w(j-5);
    tt5=w(j-4);
    tt6=w(j-3);
    tt7=w(j-2);
    tt8=w(j-1);
    t8=0; t7=0; t6=0; t5=0; t4=0;
end
if w(j)==tt-4
    tt5=w(j-4);
    tt6=w(j-3);
    tt7=w(j-2);
    tt8=w(j-1);
    t8=0; t7=0; t6=0; t5=0;
end
if w(j)==tt-5
    tt6=w(j-3);
    tt7=w(j-2);
    tt8=w(j-1);
    t8=0; t7=0; t6=0;
end
if w(j)==tt-6
    tt7=w(j-2);
```

```
            tt8＝w(j－1);
            t8＝0; t7＝0;
    end
if w(j)＝＝tt－7
            tt8＝w(j－1);
            t8＝0;
    end
if w(j)＝＝tt＋1

            tt1＝w(j－8);
            tt2＝w(j－7);
            tt3＝w(j－6);
            tt4＝w(j－5);
            tt5＝w(j－4);
            tt6＝w(j－3);
            tt7＝w(j－2);
            t7＝0; t6＝0; t5＝0; t4＝0; t3＝0; t2＝0; t1＝0;
    end
if w(j)＝＝tt＋2
            tt1＝w(j－8);
            tt2＝w(j－7);
            tt3＝w(j－6);
            tt4＝w(j－5);
            tt5＝w(j－4);
            tt6＝w(j－3);
            t6＝0; t5＝0; t4＝0; t3＝0; t2＝0; t1＝0;
    end
if w(j)＝＝tt＋3
            tt1＝w(j－8);
            tt2＝w(j－7);
            tt3＝w(j－6);
            tt4＝w(j－5);
            tt5＝w(j－4);
            t5＝0; t4＝0; t3＝0; t2＝0; t1＝0;
    end
if w(j)＝＝tt＋4
```

```
        tt1=w(j-8);
        tt2=w(j-7);
        tt3=w(j-6);
        tt4=w(j-5);
        t4=0; t3=0; t2=0; t1=0;
end
if w(j)==tt+5

        tt1=w(j-8);
        tt2=w(j-7);
        tt3=w(j-6);
        t3=0; t2=0; t1=0;
end
if w(j)==tt+6
        tt1=w(j-8);
        tt2=w(j-7);
        t2=0; t1=0;
end
if w(j)==tt+7
        tt1=w(j-8);
        t1=0;
end
if  t1==0&&t2==0&&t3==0&&t4==0&&t5==0&&t6==0&&t7==0&&t8
    ==0
        Out=Out+tt1+tt2+tt3+tt4+tt5+tt6+tt7+tt8;
        break
end
if w(j)==0
    if t1==1
        tt1=0;
    end
    if t2==1
        tt2=0;
    end
    if t3==1
```

```
                    tt3＝0；
                end
                if t4＝＝1
                    tt4＝0；
                end
                if t5＝＝1
                    tt5＝0；
                end
                if t6＝＝1
                    tt6＝0；
                end
                if t7＝＝1
                    tt7＝0；
                end
                if t8＝＝1
                    tt8＝0；
                end
                Out＝Out＋tt1＋tt2＋tt3＋tt4＋tt5＋tt6＋tt7＋tt8；
                break
            end
    end
end
G_CMACout_1. m
function Out＝G_CMACout_1( u, M, m, n, w, xmin, xmax, xmin_1, xmax_1 )
％G_CMACout 为直接使用 CMAC ％Out＝zeros(size(w, 1), 1)；％列向量
intsize＝4；％输入的维数，u 为列向量，size(u, 1)为行数
ad＝zeros(1, m)；
weight＝4000；
Out＝0；
    for j＝1；1；m   ％遍历 CMAC 的每层
        ad(j)＝j；％用于计算权值地址
            t＝(u(1)－xmin) * (M)/(xmax－xmin)；   ％量化，得出 u(i)占几格
            k＝floor((abs(t) ＋ m － j)/m)；％计算输入属于该层的哪一块，朝负无穷取整
            if k＜0
                k＝0；
            end
```

```
if k>=n
    k=n-1；
end
ad(j)=ad(j) + m * k * n^(3)；
t=(u(2)-xmin) * (M)/(xmax-xmin)；　%量化，得出 u(i)占几格
k=floor((abs(t) + m - j)/m)；%计算输入属于该层的哪一块，朝负无穷取整
if k<0
    k=0；
end
if k>=n
    k=n-1；
end
ad(j)=ad(j) + m * k * n^(2)；
t=(u(3)-xmin) * (M)/(xmax-xmin)；　%量化，得出 u(i)占几格
k=floor((abs(t) + m - j)/m)；%计算输入属于该层的哪一块，朝负无穷取整
if k<0
    k=0；
end
if k>=n
    k=n-1；
end
ad(j)=ad(j) + m * k * n^(1)；
t=(u(4)-xmin_1) * (M)/(xmax_1-xmin_1)；　%量化，得出 u(i)占几格
k=floor((abs(t) + m - j)/m)；%计算输入属于该层的哪一块，朝负无穷取整
if k<0
    k=0；
end
if k>=n
    k=n-1；
end
ad(j)=ad(j) + m * k * n^(0)；
end
tt=ad(j)；                    %权值矩阵地址，最后一个
tt1=0；tt2=0；tt3=0；tt4=0；tt5=0；tt6=0；tt7=0；tt8=0；
t1=1；
t2=1；
```

```
            t3=1;
            t4=1;
            t5=1;
            t6=1;
            t7=1;
            t8=1;
            j=0;
    while j<=weight-10
        j=j+10;
            if w(j)==tt
                Out=Out+ w(j-8)+w(j-7)+w(j-6)+w(j-5)+w(j-4)+w(j-3)+w(j-2)+
                    w(j-1);
                break
            end
            if w(j)==tt-1
                tt2=w(j-7);
                tt3=w(j-6);
                tt4=w(j-5);
                tt5=w(j-4);
                tt6=w(j-3);
                tt7=w(j-2);
                tt8=w(j-1);
                t8=0; t7=0; t6=0; t5=0; t4=0; t3=0; t2=0;
            end
            if w(j)==tt-2
                tt3=w(j-6);
                tt4=w(j-5);
                tt5=w(j-4);
                tt6=w(j-3);
                tt7=w(j-2);
                tt8=w(j-1);
                t8=0; t7=0; t6=0; t5=0; t4=0; t3=0;
            end
            if w(j)==tt-3
                tt4=w(j-5);
                tt5=w(j-4);
```

```
        tt6＝w(j－3);
        tt7＝w(j－2);
        tt8＝w(j－1);
        t8＝0; t7＝0; t6＝0; t5＝0; t4＝0;
end
if w(j)＝＝tt－4
        tt5＝w(j－4);
        tt6＝w(j－3);
        tt7＝w(j－2);
        tt8＝w(j－1);
        t8＝0; t7＝0; t6＝0; t5＝0;
end
if w(j)＝＝tt－5
        tt6＝w(j－3);
        tt7＝w(j－2);
        tt8＝w(j－1);
        t8＝0; t7＝0; t6＝0;
end
if w(j)＝＝tt－6
        tt7＝w(j－2);
        tt8＝w(j－1);
        t8＝0; t7＝0;
end
if w(j)＝＝tt－7
        tt8＝w(j－1);
        t8＝0;
end
ifw(j)＝＝tt＋1
        tt1＝w(j－8);
        tt2＝w(j－7);
        tt3＝w(j－6);
        tt4＝w(j－5);
        tt5＝w(j－4);
        tt6＝w(j－3);
        tt7＝w(j－2);
        t7＝0; t6＝0; t5＝0; t4＝0; t3＝0; t2＝0; t1＝0;
```

```
end
if w(j)==tt+2
    tt1=w(j-8);
    tt2=w(j-7);
    tt3=w(j-6);
    tt4=w(j-5);
    tt5=w(j-4);
    tt6=w(j-3);
    t6=0；t5=0；t4=0；t3=0；t2=0；t1=0；
end
    if w(j)==tt+3
    tt1=w(j-8);
    tt2=w(j-7);
    tt3=w(j-6);
    tt4=w(j-5);
    tt5=w(j-4);
    t5=0；t4=0；t3=0；t2=0；t1=0；
end
if w(j)==tt+4
    tt1=w(j-8);
    tt2=w(j-7);
    tt3=w(j-6);
    tt4=w(j-5);
    t4=0；t3=0；t2=0；t1=0；
end
if w(j)==tt+5
    tt1=w(j-8);
    tt2=w(j-7);
    tt3=w(j-6);
    t3=0；t2=0；t1=0；
end
if w(j)==tt+6
    tt1=w(j-8);
    tt2=w(j-7);
    t2=0；t1=0；
end
```

```
if w(j)==tt+7
    tt1=w(j-8);
    t1=0;
end
if   t1==0&&t2==0&&t3==0&&t4==0&&t5==0&&t6==0&&t7==0&&t8==0
    Out=Out+tt1+tt2+tt3+tt4+tt5+tt6+tt7+tt8;
    break
end
if w(j)==0
    if t1==1
        tt1=0;
    end
    if t2==1
        tt2=0;
    end
    if t3==1
        tt3=0;
    end
    if t4==1
        tt4=0;
    end
    if t5==1
        tt5=0;
    end
    if t6==1
        tt6=0;
    end
    if t7==1
        tt7=0;
    end
    if t8==1
        tt8=0;
    end
    Out=Out+tt1+tt2+tt3+tt4+tt5+tt6+tt7+tt8;
    break
end
```

```
end
end
```

G_CMACout_2.m

```
function Out=G_CMACout_2( u, M, m, n, w, xmin, xmax, xmin_1, xmax_1 )
%G_CMACout 为直接使用 CMAC%Out=zeros(size(w,1),1);%列向量
intsize=4;%输入的维数,u 为列向量,size(u,1)为行数
ad=zeros(1,m);
weight=4000;
Out=0;
    for j=1:1:m    %遍历 CMAC 的每层
        ad(j)=j;%用于计算权值地址
            t=(u(1)-xmin)*(M)/(xmax-xmin);    %量化,得出 u(i)占几格
            k=floor((abs(t) + m - j)/m);%计算输入属于该层的哪一块,朝负无穷取整
            if k<0
                k=0;
            end
            if k>=n
                k=n-1; %%%?????
            end
            ad(j)=ad(j) + m * k * n^(3);
            t=(u(2)-xmin)*(M)/(xmax-xmin);    %量化,得出 u(i)占几格
            k=floor((abs(t) + m - j)/m);%计算输入属于该层的哪一块,朝负无穷取整
            if k<0
                k=0;
            end
            if k>=n
                k=n-1; %%%?????
            end
            ad(j)=ad(j) + m * k * n^(2);
            t=(u(3)-xmin)*(M)/(xmax-xmin);    %量化,得出 u(i)占几格
            k=floor((abs(t) + m - j)/m);%计算输入属于该层的哪一块,朝负无穷取整
            if k<0
                k=0;
            end
            if k>=n
                k=n-1; %%%?????
```

```
        end
        ad(j)=ad(j) + m * k * n^(1);
        t=(u(4)-xmin_1) * (M)/(xmax_1-xmin_1);     %量化，得出 u(i)占几格
        k=floor((abs(t) + m - j)/m);%计算输入属于该层的哪一块，朝负无穷取整
        if k<0
             k=0；
        end
        if k>=n
             k=n-1；
        end
        ad(j)=ad(j) + m * k * n^(0);
    end
    tt=ad(j) ;                          %权值矩阵地址，最后一个
    tt1=0；tt2=0；tt3=0；tt4=0；tt5=0；tt6=0；tt7=0；tt8=0；
    t1=1；
    t2=1；
    t3=1；
    t4=1；
    t5=1；
    t6=1；
    t7=1；
    t8=1；
    j=0；
while j<=weight-10
    j=j+10；
        if w(j)==tt
            Out=Out+ w(j-8)+w(j-7)+w(j-6)+w(j-5)+w(j-4)+w(j-3)+w(j-2)+
            w(j-1)；
            break
        end
        if w(j)==tt-1
            tt2=w(j-7)；
            tt3=w(j-6)；
            tt4=w(j-5)；
            tt5=w(j-4)；
            tt6=w(j-3)；
```

```
        tt7=w(j-2);
        tt8=w(j-1);
        t8=0; t7=0; t6=0; t5=0; t4=0; t3=0; t2=0;
    end
    if w(j)==tt-2
        tt3=w(j-6);
        tt4=w(j-5);
        tt5=w(j-4);
        tt6=w(j-3);
        tt7=w(j-2);
        tt8=w(j-1);
        t8=0; t7=0; t6=0; t5=0; t4=0; t3=0;
    end
    if w(j)==tt-3
        tt4=w(j-5);
        tt5=w(j-4);
        tt6=w(j-3);
        tt7=w(j-2);
        tt8=w(j-1);
        t8=0; t7=0; t6=0; t5=0; t4=0;
    end
    if w(j)==tt-4
        tt5=w(j-4);
        tt6=w(j-3);
        tt7=w(j-2);
        tt8=w(j-1);
        t8=0; t7=0; t6=0; t5=0;
    end
    if w(j)==tt-5
        tt6=w(j-3);
        tt7=w(j-2);
        tt8=w(j-1);
        t8=0; t7=0; t6=0;
    end
    if w(j)==tt-6
        tt7=w(j-2);
```

```
        tt8＝w(j−1)；
        t8＝0；t7＝0；
end
if w(j)＝＝tt−7
        tt8＝w(j−1)；
        t8＝0；
end
if w(j)＝＝tt＋1
        tt1＝w(j−8)；
        tt2＝w(j−7)；
        tt3＝w(j−6)；
        tt4＝w(j−5)；
        tt5＝w(j−4)；
        tt6＝w(j−3)；
        tt7＝w(j−2)；
        t7＝0；t6＝0；t5＝0；t4＝0；t3＝0；t2＝0；t1＝0；
end
if w(j)＝＝tt＋2
        tt1＝w(j−8)；
        tt2＝w(j−7)；
        tt3＝w(j−6)；
        tt4＝w(j−5)；
        tt5＝w(j−4)；
        tt6＝w(j−3)；
        t6＝0；t5＝0；t4＝0；t3＝0；t2＝0；t1＝0；
end
if w(j)＝＝tt＋3
        tt1＝w(j−8)；
        tt2＝w(j−7)；
        tt3＝w(j−6)；
        tt4＝w(j−5)；
        tt5＝w(j−4)；
        t5＝0；t4＝0；t3＝0；t2＝0；t1＝0；
end
if w(j)＝＝tt＋4
        tt1＝w(j−8)；
```

```
            tt2=w(j-7);
            tt3=w(j-6);
            tt4=w(j-5);
            t4=0; t3=0; t2=0; t1=0;
        end
        if w(j)==tt+5
            tt1=w(j-8);
            tt2=w(j-7);
            tt3=w(j-6);
            t3=0; t2=0; t1=0;
        end
        if w(j)==tt+6
            tt1=w(j-8);
            tt2=w(j-7);
            t2=0; t1=0;
        end
        if w(j)==tt+7
            tt1=w(j-8);
            t1=0;
        end
    if t1==0&&t2==0&&t3==0&&t4==0&&t5==0&&t6==0&&t7==0&&t8==0
            Out=Out+tt1+tt2+tt3+tt4+tt5+tt6+tt7+tt8;
            break
    end
    if w(j)==0
        if t1==1
            tt1=0;
        end
        if t2==1
            tt2=0;
        end
        if t3==1
            tt3=0;
        end
        if t4==1
            tt4=0;
```

```
            end
        if t5==1
                tt5=0;
        end
        if t6==1
                tt6=0;
        end
        if t7==1
                tt7=0;
        end
        if t8==1
                tt8=0;
        end
        Out=Out+tt1+tt2+tt3+tt4+tt5+tt6+tt7+tt8;
        break
    end
end
end
```

G_CMACupdate_1. m

```
function [wout]=G_CMACupdate_1( u, err, w0, M, m, n, xite, xmin, xmax, xmin_1, xmax_1,
            enable)
%G_CMACupdate 为更新参数
w=w0;
intsize=4；%输入的维数
weight=4000;
ad=zeros(1, m);
d_w=xite*err/m；%*gos(j)；权值更新公式
if enable==1
    for j=1：1：m    %遍历 CMAC 的每层
        ad(j)=j；%用于计算权值地址
            t=(u(1)-xmin)*(M)/(xmax-xmin)；    %量化，得出 u(i)占几格
            k=floor((abs(t)+m-j)/m);
            if k<0
                k=0;
            end
            if k>=n
```

```
            k=n-1;
        end
        ad(j)=ad(j) + m * k * n^(3);
        t=(u(2)-xmin) * (M)/(xmax-xmin);    %量化,得出 u(i)占几格
        k=floor((abs(t) + m - j)/m);
        if k<0
            k=0;
        end
        if k>=n
            k=n-1;
        end
        ad(j)=ad(j) + m * k * n^(2);
        t=(u(3)-xmin) * (M)/(xmax-xmin);    %量化,得出 u(i)占几格
        k=floor((abs(t) + m - j)/m);
        if k<0
            k=0;
        end
        if k>=n
            k=n-1;
        end
        ad(j)=ad(j) + m * k * n^(1);
        t=(u(4)-xmin_1) * (M)/(xmax_1-xmin_1);    %量化,得出 u(i)占几格
        k=floor((abs(t) + m - j)/m);
        if k<0
            k=0;
        end
        if k>=n
            k=n-1;
        end
        ad(j)=ad(j) + m * k * n^(0);
end
tt=ad(j)    ;              %权值矩阵地址,最后一个
tt_s=ad(j)-7;             %起地址
j=0;
flag1=0;
while j<=weight-10
```

```
j=j+10;
k=abs(tt-w(j));            %判断冲突重叠部分
if k>=8
    flag=1;                %无冲突
else
    flag=0;                %有冲突
end
if flag==0                 %已经存在,更新
    if w(j)==tt
        w(j-9)=tt_s;
        w(j-8)=w(j-8)+d_w;
        w(j-7)=w(j-7)+d_w;
        w(j-6)=w(j-6)+d_w;
        w(j-5)=w(j-5)+d_w;
        w(j-4)=w(j-4)+d_w;
        w(j-3)=w(j-3)+d_w;
        w(j-2)=w(j-2)+d_w;
        w(j-1)=w(j-1)+d_w;
        flag1=1;
    end
    if w(j)==tt-1
        w(j-7)=w(j-7)+d_w;
        w(j-6)=w(j-6)+d_w;
        w(j-5)=w(j-5)+d_w;
        w(j-4)=w(j-4)+d_w;
        w(j-3)=w(j-3)+d_w;
        w(j-2)=w(j-2)+d_w;
        w(j-1)=w(j-1)+d_w;
    end
    if w(j)==tt-2
        w(j-6)=w(j-6)+d_w;
        w(j-5)=w(j-5)+d_w;
        w(j-4)=w(j-4)+d_w;
        w(j-3)=w(j-3)+d_w;
        w(j-2)=w(j-2)+d_w;
        w(j-1)=w(j-1)+d_w;
```

```
    end
if w(j)==tt-3
        w(j-5)=w(j-5)+d_w;
        w(j-4)=w(j-4)+d_w;
        w(j-3)=w(j-3)+d_w;
        w(j-2)=w(j-2)+d_w;
        w(j-1)=w(j-1)+d_w;
    end
if w(j)==tt-4
        w(j-4)=w(j-4)+d_w;
        w(j-3)=w(j-3)+d_w;
        w(j-2)=w(j-2)+d_w;
        w(j-1)=w(j-1)+d_w;
    end
if w(j)==tt-5
        w(j-3)=w(j-3)+d_w;
        w(j-2)=w(j-2)+d_w;
        w(j-1)=w(j-1)+d_w;
    end
if w(j)==tt-6
        w(j-2)=w(j-2)+d_w;
        w(j-1)=w(j-1)+d_w;
    end
if w(j)==tt-7
        w(j-1)=w(j-1)+d_w;
    end
if w(j)==tt+1
        w(j-7)=w(j-7)+d_w;
        w(j-6)=w(j-6)+d_w;
        w(j-5)=w(j-5)+d_w;
        w(j-4)=w(j-4)+d_w;
        w(j-3)=w(j-3)+d_w;
        w(j-2)=w(j-2)+d_w;
        w(j-1)=w(j-1)+d_w;
    end
if w(j)==tt+2
```

```
            w(j-6)=w(j-6)+d_w;
            w(j-5)=w(j-5)+d_w;
            w(j-4)=w(j-4)+d_w;
            w(j-3)=w(j-3)+d_w;
            w(j-2)=w(j-2)+d_w;
            w(j-1)=w(j-1)+d_w;
        end
        if w(j)==tt+3
            w(j-5)=w(j-5)+d_w;
            w(j-4)=w(j-4)+d_w;
            w(j-3)=w(j-3)+d_w;
            w(j-2)=w(j-2)+d_w;
            w(j-1)=w(j-1)+d_w;
        end
        if w(j)==tt+4
            w(j-4)=w(j-4)+d_w;
            w(j-3)=w(j-3)+d_w;
            w(j-2)=w(j-2)+d_w;
            w(j-1)=w(j-1)+d_w;
        end
        if w(j)==tt+5
            w(j-3)=w(j-3)+d_w;
            w(j-2)=w(j-2)+d_w;
            w(j-1)=w(j-1)+d_w;
        end
        if w(j)==tt+6
            w(j-2)=w(j-2)+d_w;
            w(j-1)=w(j-1)+d_w;
        end
        if w(j)==tt+7
            w(j-1)=w(j-1)+d_w;
        end
    end
if w(j)==0
    if flag1==0
    w(j)=tt;
```

```
            w(j−9)=tt_s;
            w(j−8)=w(j−8)+d_w;
            w(j−7)=w(j−7)+d_w;
            w(j−6)=w(j−6)+d_w;
            w(j−5)=w(j−5)+d_w;
            w(j−4)=w(j−4)+d_w;
            w(j−3)=w(j−3)+d_w;
            w(j−2)=w(j−2)+d_w;
            w(j−1)=w(j−1)+d_w;
            break
            end
            if flag1==1
                break
            end
        end
    end
end
wout=w;
end
G_CMACupdate_2.m
function [wout]=G_CMACupdate_2(u,err,w0,M,m,n,xite,xmin,xmax,xmin_1,xmax_1,enable)
%G_CMACupdate 为更新参数
w=w0;
intsize=4；%输入的维数
weight=4000；
ad=zeros(1，m);
d_w=xite*err/m；%*gos(j)；权值更新公式
if enable==1
    for j=1：1：m     %遍历CMAC的每层
        ad(j)=j；%用于计算权值地址
            t=(u(1)−xmin)*(M)/(xmax−xmin)；    %量化，得出 u(i)占几格
            k=floor((abs(t) + m − j)/m)；
            if k<0
                k=0；
            end
            if k>=n
```

```
            k=n-1；
        end
        ad(j)=ad(j) + m * k * n^(3)；
        t=(u(2)-xmin) * (M)/(xmax-xmin)；    %量化，得出 u(i)占几格
        k=floor((abs(t) + m - j)/m)；
        if k<0
            k=0；
        end
        if k>=n
            k=n-1；
        end
        ad(j)=ad(j) + m * k * n^(2)；
        t=(u(3)-xmin) * (M)/(xmax-xmin)；    %量化，得出 u(i)占几格
        k=floor((abs(t) + m - j)/m)；
        if k<0
            k=0；
        end
        if k>=n
            k=n-1；
        end
        ad(j)=ad(j) + m * k * n^(1)；
        t=(u(4)-xmin_1) * (M)/(xmax_1-xmin_1)；    %量化，得出 u(i)占几格
        k=floor((abs(t) + m - j)/m)；
        if k<0
            k=0；
        end
        if k>=n
            k=n-1；
        end
        ad(j)=ad(j) + m * k * n^(0)；
    end
tt=ad(j)      ;              %权值矩阵地址，最后一个
tt_s=ad(j)-7；              %起地址
j=0；
flag1=0；
while j<=weight-10
```

```
j＝j＋10；
k＝abs(tt－w(j))；            %判断冲突重叠部分
if k＞＝8
    flag＝1；               %无冲突
else
    flag＝0；               %有冲突
end
if flag＝＝0                %已经存在，更新
    if w(j)＝＝tt
        w(j－9)＝tt_s；
        w(j－8)＝w(j－8)＋d_w；
        w(j－7)＝w(j－7)＋d_w；
        w(j－6)＝w(j－6)＋d_w；
        w(j－5)＝w(j－5)＋d_w；
        w(j－4)＝w(j－4)＋d_w；
        w(j－3)＝w(j－3)＋d_w；
        w(j－2)＝w(j－2)＋d_w；
        w(j－1)＝w(j－1)＋d_w；
        flag1＝1；
    end
    if w(j)＝＝tt－1
        w(j－7)＝w(j－7)＋d_w；
        w(j－6)＝w(j－6)＋d_w；
        w(j－5)＝w(j－5)＋d_w；
        w(j－4)＝w(j－4)＋d_w；
        w(j－3)＝w(j－3)＋d_w；
        w(j－2)＝w(j－2)＋d_w；
        w(j－1)＝w(j－1)＋d_w；
    end
    if w(j)＝＝tt－2
        w(j－6)＝w(j－6)＋d_w；
        w(j－5)＝w(j－5)＋d_w；
        w(j－4)＝w(j－4)＋d_w；
        w(j－3)＝w(j－3)＋d_w；
        w(j－2)＝w(j－2)＋d_w；
        w(j－1)＝w(j－1)＋d_w；
```

```
end
if w(j)==tt-3
    w(j-5)=w(j-5)+d_w;
    w(j-4)=w(j-4)+d_w;
    w(j-3)=w(j-3)+d_w;
    w(j-2)=w(j-2)+d_w;
    w(j-1)=w(j-1)+d_w;
end
if w(j)==tt-4
    w(j-4)=w(j-4)+d_w;
    w(j-3)=w(j-3)+d_w;
    w(j-2)=w(j-2)+d_w;
    w(j-1)=w(j-1)+d_w;
end
if w(j)==tt-5
    w(j-3)=w(j-3)+d_w;
    w(j-2)=w(j-2)+d_w;
    w(j-1)=w(j-1)+d_w;
end
if w(j)==tt-6
    w(j-2)=w(j-2)+d_w;
    w(j-1)=w(j-1)+d_w;
end
if w(j)==tt-7
    w(j-1)=w(j-1)+d_w;
end
if w(j)==tt+1
    w(j-7)=w(j-7)+d_w;
    w(j-6)=w(j-6)+d_w;
    w(j-5)=w(j-5)+d_w;
    w(j-4)=w(j-4)+d_w;
    w(j-3)=w(j-3)+d_w;
    w(j-2)=w(j-2)+d_w;
    w(j-1)=w(j-1)+d_w;
end
if w(j)==tt+2
```

```
        w(j-6)=w(j-6)+d_w;
        w(j-5)=w(j-5)+d_w;
        w(j-4)=w(j-4)+d_w;
        w(j-3)=w(j-3)+d_w;
        w(j-2)=w(j-2)+d_w;
        w(j-1)=w(j-1)+d_w;
    end
    if w(j)==tt+3
        w(j-5)=w(j-5)+d_w;
        w(j-4)=w(j-4)+d_w;
        w(j-3)=w(j-3)+d_w;
        w(j-2)=w(j-2)+d_w;
        w(j-1)=w(j-1)+d_w;
    end
    if w(j)==tt+4
        w(j-4)=w(j-4)+d_w;
        w(j-3)=w(j-3)+d_w;
        w(j-2)=w(j-2)+d_w;
        w(j-1)=w(j-1)+d_w;
    end
    if w(j)==tt+5
        w(j-3)=w(j-3)+d_w;
        w(j-2)=w(j-2)+d_w;
        w(j-1)=w(j-1)+d_w;
    end
    if w(j)==tt+6
        w(j-2)=w(j-2)+d_w;
        w(j-1)=w(j-1)+d_w;
    end
    if w(j)==tt+7
        w(j-1)=w(j-1)+d_w;
    end
end
if w(j)==0
    if flag1==0
    w(j)=tt;
```

```
            w(j－9)＝tt_s;
            w(j－8)＝w(j－8)＋d_w;
            w(j－7)＝w(j－7)＋d_w;
            w(j－6)＝w(j－6)＋d_w;
            w(j－5)＝w(j－5)＋d_w;
            w(j－4)＝w(j－4)＋d_w;
            w(j－3)＝w(j－3)＋d_w;
            w(j－2)＝w(j－2)＋d_w;
            w(j－1)＝w(j－1)＋d_w;
            break
            end
            if flag1＝＝1
                break
            end
        end
    end
end
wout＝w;
end
G_CMACupdate_3.m
    function [wout]＝G_CMACupdate_3(u,err,w0,M,m,n,xite,xmin,xmax,xmin_1,xmax_1,
                enable)
%G_CMACupdate 为更新参数
w＝w0;
intsize＝4;%输入的维数
weight＝4000;
ad＝zeros(1,m);
d_w＝xite * err/m;% * gos(j);权值更新公式
if enable＝＝1
    for j＝1:1:m　%遍历 CMAC 的每层
        ad(j)＝j;%用于计算权值地址
            t＝(u(1)－xmin) * (M)/(xmax－xmin);　　%量化,得出 u(i)占几格
            k＝floor((abs(t) + m － j)/m);
            if k<0
                k＝0;
            end
```

```
            if k>=n
                k=n-1;
            end
            ad(j)=ad(j) + m * k * n^(3);
            t=(u(2)-xmin) * (M)/(xmax-xmin);    %量化,得出 u(i)占几格
            k=floor((abs(t) + m - j)/m);
            if k<0
              k=0;
            end
            if k>=n
                k=n-1;
            end
            ad(j)=ad(j) + m * k * n^(2);
            t=(u(3)-xmin) * (M)/(xmax-xmin);    %量化,得出 u(i)占几格
            k=floor((abs(t) + m - j)/m);
            if k<0
                k=0;
            end
            if k>=n
                k=n-1;
            end
            ad(j)=ad(j) + m * k * n^(1);
            t=(u(4)-xmin_1) * (M)/(xmax_1-xmin_1);    %量化,得出 u(i)占几格
            k=floor((abs(t) + m - j)/m);
            if k<0
                k=0;
            end
            if k>=n
                k=n-1;
            end
            ad(j)=ad(j) + m * k * n^(0);
    end
    tt=ad(j);                        %权值矩阵地址,最后一个
    tt_s=ad(j)-7;                    %起地址
    j=0;
    flag1=0;
```

```
while j<=weight-10
    j=j+10;
    k=abs(tt-w(j));                %判断冲突重叠部分
    if k>=8
        flag=1;                    %无冲突
    else
        flag=0;                    %有冲突
    end
    if flag==0                     %已经存在，更新
        if w(j)==tt
            w(j-9)=tt_s;
            w(j-8)=w(j-8)+d_w;
            w(j-7)=w(j-7)+d_w;
            w(j-6)=w(j-6)+d_w;
            w(j-5)=w(j-5)+d_w;
            w(j-4)=w(j-4)+d_w;
            w(j-3)=w(j-3)+d_w;
            w(j-2)=w(j-2)+d_w;
            w(j-1)=w(j-1)+d_w;
            flag1=1;
        end
        if w(j)==tt-1
            w(j-7)=w(j-7)+d_w;
            w(j-6)=w(j-6)+d_w;
            w(j-5)=w(j-5)+d_w;
            w(j-4)=w(j-4)+d_w;
            w(j-3)=w(j-3)+d_w;
            w(j-2)=w(j-2)+d_w;
            w(j-1)=w(j-1)+d_w;
        end
        if w(j)==tt-2
            w(j-6)=w(j-6)+d_w;
            w(j-5)=w(j-5)+d_w;
            w(j-4)=w(j-4)+d_w;
            w(j-3)=w(j-3)+d_w;
            w(j-2)=w(j-2)+d_w;
```

```
            w(j-1)=w(j-1)+d_w;
        end
    if w(j)==tt-3
            w(j-5)=w(j-5)+d_w;
            w(j-4)=w(j-4)+d_w;
            w(j-3)=w(j-3)+d_w;
            w(j-2)=w(j-2)+d_w;
            w(j-1)=w(j-1)+d_w;
        end
    if w(j)==tt-4
            w(j-4)=w(j-4)+d_w;
            w(j-3)=w(j-3)+d_w;
            w(j-2)=w(j-2)+d_w;
            w(j-1)=w(j-1)+d_w;
        end
    if w(j)==tt-5
            w(j-3)=w(j-3)+d_w;
            w(j-2)=w(j-2)+d_w;
            w(j-1)=w(j-1)+d_w;
        end
    if w(j)==tt-6
            w(j-2)=w(j-2)+d_w;
            w(j-1)=w(j-1)+d_w;
        end
    if w(j)==tt-7
            w(j-1)=w(j-1)+d_w;
        end
    if w(j)==tt+1
            w(j-7)=w(j-7)+d_w;
            w(j-6)=w(j-6)+d_w;
            w(j-5)=w(j-5)+d_w;
            w(j-4)=w(j-4)+d_w;
            w(j-3)=w(j-3)+d_w;
            w(j-2)=w(j-2)+d_w;
            w(j-1)=w(j-1)+d_w;
        end
```

```
if w(j)==tt+2
    w(j-6)=w(j-6)+d_w;
    w(j-5)=w(j-5)+d_w;
    w(j-4)=w(j-4)+d_w;
    w(j-3)=w(j-3)+d_w;
    w(j-2)=w(j-2)+d_w;
    w(j-1)=w(j-1)+d_w;
end
if w(j)==tt+3
    w(j-5)=w(j-5)+d_w;
    w(j-4)=w(j-4)+d_w;
    w(j-3)=w(j-3)+d_w;
    w(j-2)=w(j-2)+d_w;
    w(j-1)=w(j-1)+d_w;
end
if w(j)==tt+4
    w(j-4)=w(j-4)+d_w;
    w(j-3)=w(j-3)+d_w;
    w(j-2)=w(j-2)+d_w;
    w(j-1)=w(j-1)+d_w;
end
if w(j)==tt+5
    w(j-3)=w(j-3)+d_w;
    w(j-2)=w(j-2)+d_w;
    w(j-1)=w(j-1)+d_w;
end
if w(j)==tt+6
    w(j-2)=w(j-2)+d_w;
    w(j-1)=w(j-1)+d_w;
end
if w(j)==tt+7
    w(j-1)=w(j-1)+d_w;
end
end
if w(j)==0
    if flag1==0
```

```
            w(j)=tt；
            w(j-9)=tt_s；
            w(j-8)=w(j-8)+d_w；
            w(j-7)=w(j-7)+d_w；
            w(j-6)=w(j-6)+d_w；
            w(j-5)=w(j-5)+d_w；
            w(j-4)=w(j-4)+d_w；
            w(j-3)=w(j-3)+d_w；
            w(j-2)=w(j-2)+d_w；
            w(j-1)=w(j-1)+d_w；
            break
            end
            if flag1==1
                break
            end
        end
    end
end
wout=w；
end
Pctrl. m
function [sys，x0，str，ts]=Pctrl(t，x，u，flag)
switch flag，
    case 0，
        [sys，x0，str，ts]=mdlInitializeSizes；
    case 1，
        sys=mdlDerivatives(t，x，u)；
    case 3，
        sys=mdlOutputs(t，x，u)；
    case {2，4，9}
        sys=[]；
    otherwise
        error(['Unhandled flag=', num2str(flag)])；
end
function [sys，x0，str，ts]=mdlInitializeSizes
sizes=simsizes；
```

```
sizes.NumContStates     =0;
sizes.NumDiscStates     =0;
sizes.NumOutputs        =3;
sizes.NumInputs         =8;
sizes.DirFeedthrough    =1;
sizes.NumSampleTimes    =1;
sys=simsizes(sizes);
x0   =[];
str=[];
ts   =[0 0];
function sys=mdlOutputs(t，x，u)    ％状态量输出
UAV_int；
zd=u(1)；phid=u(2)；
x1=u(3)；dx1=u(4)；
y=u(5)；dy=u(6)；
z=u(7)；dz=u(8)；
dzd=0；ddzd=0；
ze=z－zd；
dze=dz－dzd；
c1=5；c2=5；c3=30；
k1=5；k2=5；k3=30；
s1=c1 * x1+dx1；
s2=c2 * y+dy；
s3=c3 * ze+dze；
if abs(dz)＜0.1
    c3=c3－5；
    k3=k3－5；
end
delta=0.02；％滑模厚度
if abs(s1)＞delta
    sat_s1=sign(s1)；
else
    sat_s1=1/delta * s1；
end
if abs(s2)＞delta
    sat_s2=sign(s2)；
```

```
else
    sat_s2=1/delta * s2;
end
if abs(s3)>delta
    sat_s3=sign(s3);
else
    sat_s3=1/delta * s3;
end
u1x=-c1 * dx1+K1 * dx1/m-k1 * s1-eta1 * sat_s1;
u1y=-c2 * dy+K2 * dy/m-k2 * s2-eta2 * sat_s2;
u1z=-c3 * dze+G+K3 * dz/m+ddzd-k3 * s3-eta3 * sat_s3;
X=(cos(phid) * cos(phid) * u1x+cos(phid) * sin(phid) * u1y)/u1z;
if X>1
    sin_thetad=1;
    thetad=pi/2;
else if X<-1
    sin_thetad=-1;
    thetad=-pi/2;
else
    sin_thetad=X;
    thetad=asin(X);
end
psid=atan((sin(phid) * cos(phid) * u1x-cos(phid) * cos(phid) * u1y)/u1z);
u1=u1z/(cos(phid) * cos(psid));
sys(1)=u1;
sys(2)=thetad;
sys(3)=psid;
Pplant. m
function [sys, x0, str, ts]=Pplant(t, x, u, flag)
switch flag,
  case 0,
    [sys, x0, str, ts]=mdlInitializeSizes;
  case 1,
    sys=mdlDerivatives(t, x, u);
  case 3,
    sys=mdlOutputs(t, x, u);
```

```
    case {2，4，9}
      sys=[]；
    otherwise
      error(['Unhandled flag=', num2str(flag)]);
end
function [sys, x0, str, ts]=mdlInitializeSizes
sizes=simsizes；
sizes. NumContStates    =6；
sizes. NumDiscStates    =0；
sizes. NumOutputs       =6；
sizes. NumInputs        =7；
sizes. DirFeedthrough   =0；
sizes. NumSampleTimes   =1；
sys=simsizes(sizes)；
x0   =[2 0 1 0 0 0]；
str=[]；
ts   =[-1 0]；
function sys=mdlDerivatives(t, x, u)
u1=u(1)；
%if isnan(u1)
%end
theta=u(2)；
psi=u(4)；
phi=u(6)；
UAV_int；
x1=x(1)；dx1=x(2)；
y=x(3)；dy=x(4)；
z=x(5)；dz=x(6)；
ddx=u1 * (cos(phi) * sin(theta) * cos(psi)+sin(phi) * sin(psi))-K1 * dx1/m；
ddy=u1 * (sin(phi) * sin(theta) * cos(psi)-cos(phi) * sin(psi))-K2 * dy/m；
ddz=u1 * (cos(phi) * cos(psi))-G-K3 * dz/m；
sys(1)=x(2)；
sys(2)=ddx；
sys(3)=x(4)；
sys(4)=ddy；
sys(5)=x(6)；
```

sys(6)＝ddz；

function sys＝mdlOutputs(t，x，u)

x1＝x(1)；dx1＝x(2)；

y＝x(3)；dy＝x(4)；

z＝x(5)；dz＝x(6)；

sys(1)＝x1；

sys(2)＝dx1；

sys(3)＝y；

sys(4)＝dy；

sys(5)＝z；

sys(6)＝dz；

本 章 小 结

本章从滑模控制和 CMAC 的介绍入手，设计了一种用于四旋翼无人机的滑模–CMAC 联合控制方法，讲述了滑模–CMAC 联合控制的算法设计原理和过程。通过 CMAC 对无人机控制信号的权重进行调整，在抑制超调和余差的同时，增强了四旋翼无人机的响应速度及鲁棒性。

习 题

1. 请画出基于滑模控制的四旋翼无人机模型。
2. 尝试完成四旋翼无人机运动模型的化简。
3. 滑模控制中趋近律有哪些？它们各自的特点和适用范围是什么？
4. 滑模控制系统的设计步骤有哪些？各个步骤中所要注意的要求是什么？
5. 滑模控制的优缺点有哪些？缺点应如何改进？
6. 小脑神经网络有哪些优点？
7. 小脑神经网络的基本思想是什么？
8. 请画出小脑神经网络的整体架构。

第8章 四旋翼无人机的路径规划

8.1 引　言

路径规划是无人机研究领域中的一个重点问题。无人机路径规划是指按照内部存储的地图信息或感知外部环境获得的信息，给定无人机源点和目标点，通过一些算法、控制方法和优化方法等来寻找一条安全、动态可行的最优路径，使无人机从源点飞向目标点。在这个过程中，需要考虑多种因素，包括地形、障碍物、飞行性能、资源消耗等，以确保无人机能够安全、高效地完成任务。连接源点与目标点中系列节点的线段或者曲线，则构成了无人机的飞行路径。

根据无人机对飞行环境中空间障碍物的了解程度，可以把路径规划分为两种类型：一种是离线规划，即无人机在执行任务前已经充分掌握飞行环境中静态障碍物信息，并且已经规划好路径，待起飞后沿着该路径飞行即可；另一种是在线规划，即无人机在沿既定路径飞行的过程中，遇到突发障碍物，无人机要对其规避绕行。路径规划算法的目标是从源点到目标点选择一条最优的路径，在无人机自身条件的约束下，无人机成功到达目标点，同时做到路径长度最短、用时最短以及耗能最低。由于路径规划属于复杂的多目标优化问题，因此通常只能获得相对比较满意的解或可行解。

本章在了解并掌握四旋翼无人机运动模型和飞行机理的基础上，分别介绍了 APF、Dijkstra、A^*、RRT 以及 RRT^* 算法等多种路径规划算法，并进行了仿真验证。

8.2　APF算法

8.2.1　基本原理

人工势场(Artificial Potential Field，APF)算法最早是由 Khatib 提出的，该方法最初被用来解决移动机械臂与工作台的碰撞问题，后来被研究者用于求解移动机器人的路径规划问题。由于该方法的数学表示简单，产生的虚拟运动轨迹也相对平滑真实，因而被广泛应用于无人机的路径规划中。

在物理学上，物体或微观粒子总是倾向于从高势能点移动到低势能点。在 APF 算法中，无人机所处的外部环境(动态或者静态环境)被表示成一个势场。通过采用不同形式的势场函数来描述无人机、目标点、障碍物等之间的关系，利用相应的算法在斥力极和引力极构造相应的势，工作环境就变成一个虚拟的势场。无人机在这个环境中所受合力的大小是所在位置势的梯度值，方向是梯度方向(也就是势场变化最快的方向)的相反方向。与物理学中的概念类似，在虚拟势场中，有的空间位置被障碍物占据，赋予该位置较高的势能，表示无人机不能(或很难)通过；有的位置被平坦的道路占据，赋予该位置较低的势能，表示无人机在该空间内很容易移动。通过构造不同的势场函数可以改变势场，规划出的路径也会因为势场函数的改变而形成不同的路径效果，但是其基本原理是不变的。通常用位置相关函数作为势场函数进行路径规划，使载体具有较好的适应环境变化的能力。

APF 算法的基本思想是建立一种虚拟力，并依据库仑定律来创建吸引和排斥势场。梯度可以直观地被视为作用于一个带正电荷的无人机且将无人机吸引到带负电荷的目标点处的力。障碍物也被视为带一个正电荷的粒子，与带正电荷的无人机之间形成排斥力，该力引导无人机远离障碍物。在排斥力和吸引力的合力作用下，无人机可以从源点走向目标点，同时避免碰撞障碍物。

针对无人机在空中执行任务的情况，在目标点与无人机之间、障碍物与无人机之间分别建立引力场和斥力场，并且吸引势能与目标点和无人机之间的距离呈正比关系，排斥势能与障碍物和无人机之间的距离呈反比关系。最终指引无人机运动的是其受到的合力，无人机在合势场作用下受到的合力是它的负梯度，根据合力可以控制无人机运动的方向并计算下一点的位置。因此利用势场可以使无人机在空中找到一条从源点到目标点无碰撞地绕过所设定的障碍物的运动路径。从能量的角度来考虑，无人机最终会到达全局能量最小的点，即目标点。

人工势场包括引力场和斥力场。目标点对物体产生引力，引导物体朝向其运动(类似于 A^* 算法中的启发函数 h)。障碍物对物体产生斥力，避免物体与之发生碰撞。物体在路径上的每一点所受的合力等于这一点所有斥力和引力的和。该算法的关键是构建引力场和斥力场，具体如下：

　　(1) 构建引力场。

　　常见的引力函数为

$$F_{\text{aat}}(q) = -\nabla U_{\text{att}}(q) = -\xi\rho^2(q, q_{\text{goal}}) \tag{8.1}$$

这里的 ξ 是引力尺度因子；q 表示无人机的位置；q_{goal} 表示目标点的位置；$\rho(q, q_{\text{goal}})$ 表示无人机与目标点的距离；∇ 符号代表梯度计算；$U_{\text{att}}(q)$ 表示引力场，可用来衡量引力跟无人机与目标点的距离的关系。对 $U_{\text{att}}(q)$ 求导可以得到引力，就是引力场对距离的导数。

　　(2) 构建斥力场。

　　传统的斥力场公式如下：

$$U_{\text{rep}}(q) = \begin{cases} \dfrac{1}{2}\eta\left(\dfrac{1}{\rho(q, q_{\text{obs}})} - \dfrac{1}{\rho_0}\right)^2, & \rho(q, q_{\text{obs}}) \leqslant \rho_0 \\ 0, & \rho(q, q_{\text{obs}}) \geqslant \rho_0 \end{cases} \tag{8.2}$$

其中，η 是斥力尺度因子；$\rho(q, q_{\text{obs}})$ 表示无人机与最近障碍物的距离；ρ_0 是障碍物的作用阈值范围，在该阈值范围内，障碍物才会产生斥力，超出此范围则不产生斥力影响。

　　斥力场产生的斥力为

$$\begin{aligned} F_{\text{rep}}(q) &= -\nabla U_{\text{rep}}(q) \\ &= \begin{cases} \eta\left(\dfrac{1}{\rho(q, q_{\text{obs}})} - \dfrac{1}{\rho_0}\right) \cdot \dfrac{1}{\rho^2(q, q_{\text{obs}})}\nabla\rho(q, q_{\text{obs}}), & \rho(q, q_{\text{obs}}) \leqslant \rho_0 \\ 0, & \rho(q, q_{\text{obs}}) \geqslant \rho_0 \end{cases} \end{aligned}$$
$$\tag{8.3}$$

　　(3) 构建总场。

　　总场是斥力场和引力场的叠加，即

$$U(q) = U_{\text{att}}(q) + U_{\text{rep}}(q) \tag{8.4}$$

8.2.2　仿真与分析

　　通过构造出各种虚拟势场或者导航函数来规划路径是一种应用广泛的规划方法。势场是对无人机所在运动空间的一种抽象的描述，在目标点和障碍物周围按照一定规则建立一个势场，无人机处于这个范围中时就会受到势场的影响而具有一定的能量。在 Matlab 平台上，对APF算法路径规划进行仿真验证。由于无人机在飞行过程中的高度一般保持恒定值，可以将无人机所处的运动状态空间设定为二维空间，无人机航迹变化如图8-1中虚线所示，可以看出无人机能有效避障，顺利达到目标点。

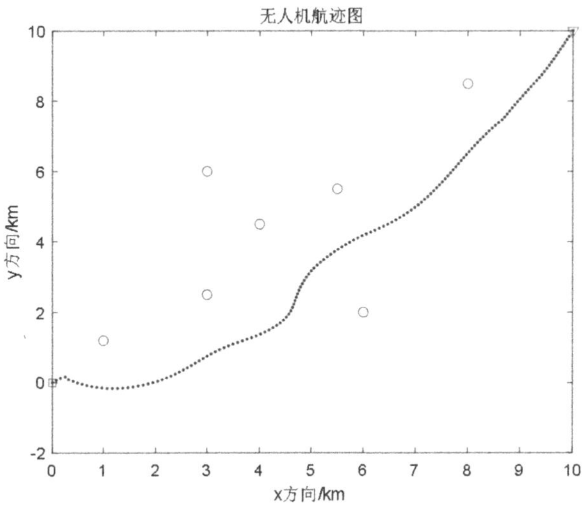

图8-1 APF算法仿真图

8.2.3 APF算法程序

APF算法具有原理简单、算法高效、时间复杂度低、反应速度快和实时性好的优点。无人机在运动过程中，如果没有外界干扰，一般会选择从高势能地段移动到低势能地段。下面是基于APF算法的无人机路径规划的运行程序，按此程序执行，无人机可成功到达目的地。

Main.m

```
clear all;
Xo=[0 0];
k=15;
K=0;
m=5;
Po=2.5;
n=8;
a=0.5;
l=0.1;
J=200;
Xsum=[10 10; 1 1.2; 3 2.5; 4 4.5; 3 6; 6 2; 5.5 5.5; 8 8.5];
Xj=Xo;
```

```
for j＝1：J
    Goal(j，1)＝Xj(1)；
    Goal(j，2)＝Xj(2)；
  Theta＝Computer_angle(Xj，Xsum，n)；
  Angle＝Theta(1)；
  angle_at＝Theta(1)；
  [Fatx，Faty]＝Computer_attract(Xj，Xsum，k，Angle，0，Po，n)；
    for i＝1：n
        angle_re(i)＝Theta(i＋1)；
     end
    [Frerxx，Freryy，Fataxx，Fatayy]＝Computer_repulsion(Xj，Xsum，m，angle_at，angle_re，n，
                            Po，a)；
    Fsumyj＝Faty＋Freryy＋Fatayy；
    Fsumxj＝Fatx＋Frerxx＋Fataxx；
    Position_angle(j)＝atan(Fsumyj/Fsumxj)；
    Xnext(1)＝Xj(1)＋l＊cos(Position_angle(j))；
    Xnext(2)＝Xj(2)＋l＊sin(Position_angle(j))；
    Xj＝Xnext；
    if((Xj(1)－Xsum(1，1))＞0)&((Xj(2)－Xsum(1，2))＞0)
        K＝j；
        break；
    end
end
K＝j；
Goal(K，1)＝Xsum(1，1)；
Goal(K，2)＝Xsum(1，2)；
X＝Goal(：，1)；
Y＝Goal(：，2)；
x＝[1 3 4 3 6 5.5 8]；
y＝[1.2 2.5 4.5 6 2 5.5 8.5]；
plot(x，y，'o'，10，10，'v'，0，0，'ms'，X，Y，'.r')；
title('无人机航迹图')；
xlabel('x 方向/km')；
ylabel('y 方向/km')；
Computer_angle.m
function Y＝compute_angle(X，Xsum，n)
    for i＝1：n＋1
```

```
        deltaX(i)=Xsum(i, 1)-X(1);
        deltaY(i)=Xsum(i, 2)-X(2);
        r(i)=sqrt(deltaX(i)^2+deltaY(i)^2);
        theta=sign(deltaY(i)) * acos(deltaX(i)/r(i));
        angle=theta;
        Y(i)=angle;
    end
Computer_attract. m
function [Yatx, Yaty]=compute_Attract(X, Xsum, k, angle, b, Po, n)
R=(X(1)-Xsum(1, 1))^2+(X(2)-Xsum(1, 2))^2;
r=sqrt(R);
Yatx=k * r * cos(angle);
Yaty=k * r * sin(angle);
Computer_repulsion. m
function [Yrerxx, Yreryy, Yataxx, Yatayy]=compute_repulsion(X, Xsum, m, angle_at, angle_re,
                                                             n, Po, a)
Rat=(X(1)-Xsum(1, 1))^2+(X(2)-Xsum(1, 2))^2;
rat=sqrt(Rat);
for i=1: n
    Rrei(i)=(X(1)-Xsum(i+1, 1))^2+(X(2)-Xsum(i+1, 2))^2;
        rre(i)=sqrt(Rrei(i));
        R0=(Xsum(1, 1)-Xsum(i+1, 1))^2+(Xsum(1, 2)-Xsum(i+1, 2))^2;
        r0=sqrt(R0);
    if rre(i)>Po
        Yrerx(i)=0;
        Yrery(i)=0;
        Yatax(i)=0;
        Yatay(i)=0;
    else
        if rre(i)<Po/2
            Yrer(i)=m * (1/rre(i)-1/Po) * (1/Rrei(i)) * (rat^a);
            Yata(i)=a * m * ((1/rre(i)-1/Po)^2) * (rat^(1-a))/2;
            Yrerx(i)=(1+0.1) * Yrer(i) * cos(angle_re(i)+pi);
            Yrery(i)=-(1-0.1) * Yrer(i) * sin(angle_re(i)+pi);
            Yatax(i)=Yata(i) * cos(angle_at);
            Yatay(i)=Yata(i) * sin(angle_at);
        else
```

$$Yrer(i) = m * (1/rre(i) - 1/Po) * 1/Rrei(i) * Rat;$$

$$Yata(i) = m * ((1/rre(i) - 1/Po)^{\wedge}2) * rat;$$

$$Yrerx(i) = Yrer(i) * \cos(angle\_re(i) + pi);$$

$$Yrery(i) = Yrer(i) * \sin(angle\_re(i) + pi);$$

$$Yatax(i) = Yata(i) * \cos(angle\_at);$$

$$Yatay(i) = Yata(i) * \sin(angle\_at);$$

　　　　　　end

　　　end

　end

　　$Yrerxx = sum(Yrerx);$

　　$Yreryy = sum(Yrery);$

　　$Yataxx = sum(Yatax);$

　　$Yatayy = sum(Yatay);$

8.3　Dijkstra 算法

8.3.1　基本原理

　　Dijkstra 算法是 Dijkstra 于 1959 年提出的，是一种有权图（Graph）的单源最短路径求解算法。通常给定一个起点，使用 Dijkstra 算法可以得到起点到其他所有节点的最短路径。Dijkstra 算法要求图中所有边的权重都为非负值，只有保证了这个条件，才能确保该算法的适用性和正确性。

　　Dijkstra 算法是解决最短路径问题的经典算法之一，常用于计算从一个节点到其周围所有节点的最短路径，从而帮助无人机在栅格地图上针对地形环境进行路径规划。该算法的核心思想是以遍历的形式找到图中所有节点至目标节点的最短路径，从而确立源节点至目标节点的最短路径。Dijkstra 算法的优势在于，当环境中出现新的未知障碍物时，可以快速更新该障碍物周边节点的信息，并将由此而导致的不连续节点重新放入优先列表中进行快速的重新规划。但是在栅格环境下，Dijkstra 算法所规划出的路径并不平滑。当无人机处于未知环境中时，在距离当前位置较近处出现障碍物的可能性非常大。

　　Dijkstra 算法在无人机路径规划中从源节点 s 开始，对其周围所有节点至目标节点的最短路径进行搜索。在路网模型中节点 j 的权重值表示为 d_j；i 为源节点 s 到目标节点 t 的前一个节点，d_s 表示从源节点 s 到目标节点 t 的最短路径长度，p_s 表示从源节点 s 到目标节点 t 的最短路径中 t 的前一个节点，$w(k,j)$ 表示从节点 k 到节点 j 的路径长度。Dijkstra

算法的计算流程如图 8 – 2 所示。

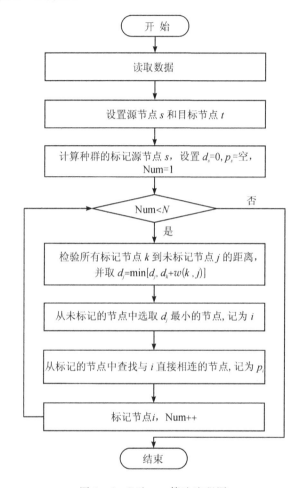

图 8 – 2 Dijkstra 算法流程图

8.3.2 仿真与分析

在 PyCharm 仿真平台上，对 Dijkstra 算法进行测试。无人机运动路径的搜索与规划必须先采集其工作环境信息并进行建模，然后在建立的地图模型上进行路径规划。栅格地图结构简单，空间数据的重叠和组合更容易，易于实现算法功能。基于以上优点，本文采用栅格地图进行建模，栅格信息与无人机的工作环境相对应。

由于无人机在飞行过程中高度一般保持不变，为了简化环境建模的难度，假设无人机所处的运动状态空间为二维空间，Dijkstra 算法仿真结果如图 8 – 3 所示。其中，左下角的点表示起始点，右上角的点表示目标点。

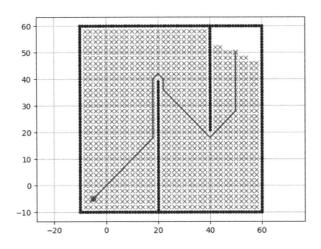

图 8 - 3　Dijkstra 算法仿真图

8.3.3　Dijkstra 算法程序

Dijkstra 算法的核心思想是按长度递增的次序产生最短路径，即每次对所有可见点的路径长度进行排序后，选择一条最短的路径，这条路径就是对应目标点到源点的最短路径。Dijkstra 算法在无人机路径规划得到了充分的应用，下面是 Dijkstra 算法运行程序。

```
Dijkstra. py
import matplotlib. pyplot as plt
import math
show_animation＝True
class Dijkstra：
    def __init__(self, ox, oy, resolution, robot_radius)：
        """
        Initialize map for a star planning
        ox：x position list of Obstacles [m]
        oy：y position list of Obstacles [m]
        resolution：grid resolution [m]
        rr：robot radius[m]
        """
        self. min_x＝None
        self. min_y＝None
```

```
        self. max_x＝None
        self. max_y＝None
        self. x_width＝None
        self. y_width＝None
        self. obstacle_map＝None
        self. resolution＝resolution
        self. robot_radius＝robot_radius
        self. calc_obstacle_map(ox，oy)
        self. motion＝self. get_motion_model()
class Node：
    def __init__(self，x，y，cost，parent_index)：
        self. x＝x    ＃ index of grid
        self. y＝y    ＃ index of grid
        self. cost＝cost
        self. parent_index＝parent_index    ＃ index of previous Node
    def __str__(self)：
        return str(self. x) ＋ "，" ＋ str(self. y) ＋ "，" ＋ str(
            self. cost) ＋ "，" ＋ str(self. parent_index)
def planning(self，sx，sy，gx，gy)：
    """
    dijkstra path search
    input：
        s_x：start x position [m]
        s_y：start y position [m]
        gx：goal x position [m]
        gx：goal x position [m]
    output：
        rx：x position list of the final path
        ry：y position list of the final path
    """
    start_node＝self. Node(self. calc_xy_index(sx，self. min_x)，
                        self. calc_xy_index(sy，self. min_y)，0. 0，－1)
    goal_node＝self. Node(self. calc_xy_index(gx，self. min_x)，
                        self. calc_xy_index(gy，self. min_y)，0. 0，－1)
    open_set，closed_set＝dict()，dict()
    open_set[self. calc_index(start_node)]＝start_node
    while 1：
```

```
c_id=min(open_set, key=lambda o: open_set[o].cost)
current=open_set[c_id]
# show graph
if show_animation:    # pragma: no cover
    plt.plot(self.calc_position(current.x, self.min_x),
             self.calc_position(current.y, self.min_y), "xc")
    # for stopping simulation with the esc key.
    plt.gcf().canvas.mpl_connect(
        'key_release_event',
        lambda event: [exit(0) if event.key=='escape' else None])
    if len(closed_set.keys()) % 10==0:
        plt.pause(0.001)
if current.x==goal_node.x and current.y==goal_node.y:
    print("Find goal")
    goal_node.parent_index=current.parent_index
    goal_node.cost=current.cost
    break
# Remove the item from the open set
del open_set[c_id]
# Add it to the closed set
closed_set[c_id]=current
# expand search grid based on motion model
for move_x, move_y, move_cost in self.motion:
    node=self.Node(current.x + move_x,
                   current.y + move_y,
                   current.cost + move_cost, c_id)
    n_id=self.calc_index(node)
    if n_id in closed_set:
        continue
    if not self.verify_node(node):
        continue
    if n_id not in open_set:
        open_set[n_id]=node    # Discover a new node
    else:
        if open_set[n_id].cost >=node.cost:
            # This path is the best until now. record it!
            open_set[n_id]=node
```

```
            rx, ry=self.calc_final_path(goal_node, closed_set)
            return rx, ry
        def calc_final_path(self, goal_node, closed_set):
            # generate final course
            rx, ry=[self.calc_position(goal_node.x, self.min_x)],
                    [self.calc_position(goal_node.y, self.min_y)]
            parent_index=goal_node.parent_index
            while parent_index !=-1:
                n=closed_set[parent_index]
                rx.append(self.calc_position(n.x, self.min_x))
                ry.append(self.calc_position(n.y, self.min_y))
                parent_index=n.parent_index
            return rx, ry
        def calc_position(self, index, minp):
            pos=index * self.resolution + minp
            return pos
        def calc_xy_index(self, position, minp):
            return round((position - minp) /self.resolution)
        def calc_index(self, node):
            return(node.y - self.min_y) * self.x_width +(node.x - self.min_x)
        def verify_node(self, node):
            px=self.calc_position(node.x, self.min_x)
            py=self.calc_position(node.y, self.min_y)
            if px < self.min_x:
                return False
            if py < self.min_y:
                return False
            if px >=self.max_x:
                return False
            if py >=self.max_y:
                return False
            if self.obstacle_map[node.x][node.y]:
                return False
            return True
        def calc_obstacle_map(self, ox, oy):
            self.min_x=round(min(ox))
            self.min_y=round(min(oy))
```

```
        self. max_x＝round(max(ox))
        self. max_y＝round(max(oy))
        print("min_x: ", self. min_x)
        print("min_y: ", self. min_y)
        print("max_x: ", self. max_x)
        print("max_y: ", self. max_y)
        self. x_width＝round((self. max_x － self. min_x) / self. resolution)
        self. y_width＝round((self. max_y － self. min_y) / self. resolution)
        print("x_width: ", self. x_width)
        print("y_width: ", self. y_width)
        # obstacle map generation
        self. obstacle_map＝[[False for _ in range(self. y_width)]
                            for _ in range(self. x_width)]
        for ix in range(self. x_width):
            x＝self. calc_position(ix, self. min_x)
            for iy in range(self. y_width):
                y＝self. calc_position(iy, self. min_y)
                for iox, ioy in zip(ox, oy):
                    d＝math. hypot(iox － x, ioy － y)
                    if d ＜＝self. robot_radius:
                        self. obstacle_map[ix][iy]＝True
                        break

    @staticmethod
    def get_motion_model():
        # dx, dy, cost
        motion＝[[1, 0, 1],
                [0, 1, 1],
                [−1, 0, 1],
                [0, −1, 1],
                [−1, −1, math. sqrt(2)],
                [−1, 1, math. sqrt(2)],
                [1, −1, math. sqrt(2)],
                [1, 1, math. sqrt(2)]]

        return motion
def main():
    print(__file__ ＋ " start!!")
    # start and goal position
```

```python
sx = -5.0   # [m]
sy = -5.0   # [m]
gx = 50.0   # [m]
gy = 50.0   # [m]
grid_size = 2.0   # [m]
robot_radius = 1.0   # [m]
# set obstacle positions
ox, oy = [], []
for i in range(-10, 60):
    ox.append(i)
    oy.append(-10.0)
for i in range(-10, 60):
    ox.append(60.0)
    oy.append(i)
for i in range(-10, 61):
    ox.append(i)
    oy.append(60.0)
for i in range(-10, 61):
    ox.append(-10.0)
    oy.append(i)
for i in range(-10, 40):
    ox.append(20.0)
    oy.append(i)
for i in range(0, 40):
    ox.append(40.0)
    oy.append(60.0 - i)
if show_animation:   # pragma: no cover
    plt.plot(ox, oy, ".k")
    plt.plot(sx, sy, "og")
    plt.plot(gx, gy, "xb")
    plt.grid(True)
    plt.axis("equal")
dijkstra = Dijkstra(ox, oy, grid_size, robot_radius)
rx, ry = dijkstra.planning(sx, sy, gx, gy)
if show_animation:   # pragma: no cover
    plt.plot(rx, ry, "-r")
    plt.pause(0.01)
```

```
        plt. show()
if__name__ == '__main __':
        main()
```

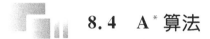

8.4　A* 算法

8.4.1　基本原理

A* 算法是路径规划算法中常见的启发式搜索算法。它从起始节点开始搜寻，搜索与起始节点相邻的节点，然后通过估价函数来判断和选取扩展点中的最优点作为下一次搜索的起点而继续扩展，一直到找到最终目标节点位置。因为在每一次局部搜寻中选择的都是代价最低的点，因此这样形成的路径一定是代价最低的路径，即最优路径。

A* 算法的表达式为

$$f(x) = g(x) + h(x) \tag{8.5}$$

其中，$g(x)$ 为起始节点到节点 x 的实际代价；$h(x)$ 为节点 x 到目标节点的估计代价，$h(x)$ 为启发函数。

在式(8.5)的基础上加上了一个约束条件，即

$$h^*(x) \leqslant h(x) \tag{8.6}$$

其中，$h^*(x)$ 是 $h(x)$ 的估计值。

应用这样的估价函数是可以找到最短路径的，而应用这种估价函数的最优算法就是 A* 算法。

8.4.2　算法流程

A* 算法是一种有序的搜索算法，通过函数 $f(x)$ 来搜寻每一步代价最小的节点从而找到代价最小的路径。在 A* 算法中，一般需要构造两个表：open 表和 closed 表。open 表的作用是存储已经求取估价值但仍未被扩展的节点，closed 表的作用是存储已被扩展的无须关注的节点。A* 算法在进行搜索的过程中无法确定最终的路径，需要对每一个节点进行搜索和评估并且存储中间值，以便最终选取最优路径。

A* 算法的具体模拟步骤如下：

(1) 定义名为 open 和 closed 的两个表：open 表用于存储搜寻路径所需的有效节点，closed 表用于存储无用节点。

(2) A 为起始节点，B 为目标节点，设 closed 表的初始状态为空，并将起始节点 A 放

入 open 表中。

（3）查看与起始节点 A 相邻的节点 n（节点 n 称为起始节点 A 的子节点，起始节点 A 称为节点 n 的父节点），可以通过障碍物的节点加入 open 表中，计算它们的 F、G 和 H 值（$F=G+H$，G 表示从起始节点移动到指定节点的移动代价，H 表示起始节点到指定节点的估算成本，F 表示实际的路径代价。）。将起始节点 A 移入 closed 表中。

（4）判断 open 表是否为空。如果是，则表示搜索失败；如果不是，则执行下一步骤。

（5）将节点 n 从 open 表移除并加入 closed 表中，判断节点 n 是否为目标节点 B。如果是，表示搜索成功，算法运行结束；如果不是，则扩展搜索节点 n 的子节点。

① 如果子节点是不可通过的或在 closed 表中，忽略它。

② 子节点如果不在 open 表中，则加入 open 表，并且把子节点设置为它的父节点，计算子节点的 F、G 和 H 值。

（6）跳转到步骤（4）。

（7）结束后保存节点。从终点开始沿着父节点方向寻径直至起点，即为最优路径。

A^* 算法流程图如图 8-4 所示。

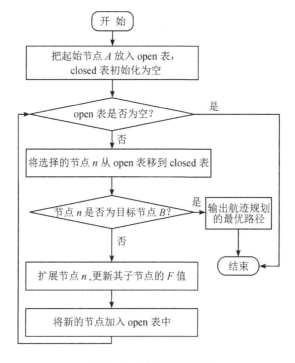

图 8-4 A^* 算法流程图

8.4.3 启发函数

在 A* 算法的实验过程中,启发函数 $h(x)$ 的选取至关重要。将 $h(x)$ 和节点 x 到目标节点的距离 $d(x)$ 进行比较,当 $h(x)=d(x)$ 时,搜索将严格按照最短路径进行,此时搜索效率最高。静态室内最短路径问题中 $h(x)$ 函数常用曼哈顿距离、对角线距离或欧式距离表示。假设起始节点的坐标是 (x_1,y_1),目标节点的坐标是 (x_2,y_2),三种距离的具体计算公式如下。

(1)曼哈顿距离表示标准坐标系上两点的绝对值之和。估计值是对当前顶点水平和垂直移动到目标顶点的成本的估计,两点之间的距离是

$$h(x)=\mid x_1-x_2\mid+\mid y_1-y_2\mid \tag{8.7}$$

(2)对角线距离首先是沿对角线方向运动,然后通过平移和垂直运动完成剩余路线,或者相反。两点之间的对角线距离计算如下

$$r(x)=\min(\mid x_1-x_2\mid\mid y_1-y_2\mid) \tag{8.8}$$

(3)欧式距离是两点之间的直线距离,具有平面坐标轴平移和旋转后的不变性,且估计精度较高,欧式距离的计算公式为

$$c(x)=\sqrt{(x_1-x_2)^2+(y_1-y_2)^2} \tag{8.9}$$

8.4.4 仿真与分析

在 PyCharm 平台上,选取曼哈顿距离、对角线距离、欧式距离作为启发函数,并将无人机所处的运动状态空间简化为二维空间,所得仿真结果如图 8-5 所示。

从仿真结果看,选取的启发函数 $h(x)$ 不同,导致规划的路径也不相同。大多数仿真试验会选择使用欧式距离作为启发函数。

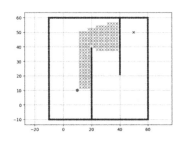 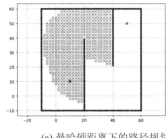 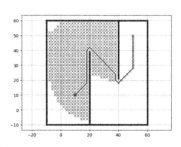

(a) 曼哈顿距离下的路径规划

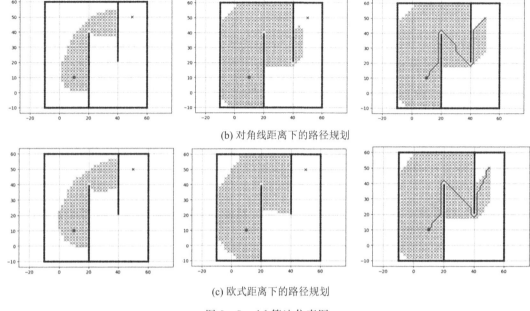

(b) 对角线距离下的路径规划

(c) 欧式距离下的路径规划

图 8-5　A* 算法仿真图

8.4.5　A* 算法程序

　　A* 算法中每一步路径点的扩展都是在启发函数的约束下进行，因此具备良好的指向性。其贪心的思想，可以确保 A* 算法能够在二维栅格地图中快速地寻找到一条路径。A* 算法的运行程序如下。

```
AStar. py
import math
import matplotlib. pyplot as plt
show_animation＝True
class AStarPlanner:
    def __init__(self, ox, oy, resolution, rr):
        """
        Initialize grid map for a star planning
        ox: x position list of Obstacles [m]
        oy: y position list of Obstacles [m]
        resolution: grid resolution [m]
        rr: robot radius[m]
        """
```

```python
        self.resolution＝resolution
        self.rr＝rr
        self.min_x，self.min_y＝0，0
        self.max_x，self.max_y＝0，0
        self.obstacle_map＝None
        self.x_width，self.y_width＝0，0
        self.motion＝self.get_motion_model()
        self.calc_obstacle_map(ox，oy)
class Node：
    def __init__(self，x，y，cost，parent_index)：
        self.x＝x   ♯ index of grid
        self.y＝y   ♯ index of grid
        self.cost＝cost
        self.parent_index＝parent_index
    def __str__(self)：
     return str(self.x) ＋ "，" ＋ str(self.y) ＋ "，" ＋
            str(self.cost) ＋ "，" ＋ str(self.parent_index)


def planning(self，sx，sy，gx，gy)：
    """

    A star path search
    input：
        s_x：start x position [m]
        s_y：start y position [m]
        gx：goal x position [m]
        gy：goal y position [m]
    output：
        rx：x position list of the final path
        ry：y position list of the final path
    """

    start_node＝self.Node(self.calc_xy_index(sx，self.min_x)，
                         self.calc_xy_index(sy，self.min_y)，0.0，－1)
    goal_node＝self.Node(self.calc_xy_index(gx，self.min_x)，
                        self.calc_xy_index(gy，self.min_y)，0.0，－1)
    open_set，closed_set＝dict()，dict()
    open_set[self.calc_grid_index(start_node)]＝start_node
    while 1：
```

```
if len(open_set)==0:
    print("Open set is empty..")
    break
c_id=min(open_set,
    key=lambda o: open_set[o].cost + self.calc_heuristic(goal_node,open_set[o]))
# c_id=min(
#     open_set,
#     key=lambda o: open_set[o].cost + self.calc_manHaDun(goal_node,open_set[o]))
# current=open_set[c_id]
# c_id=min(open_set,
#     key=lambda o: open_set[o].cost + self.calc_diagonal(goal_node,open_set[o]))
current=open_set[c_id]
# show graph
if show_animation:    # pragma: no cover
    plt.plot(self.calc_grid_position(current.x,self.min_x),
        self.calc_grid_position(current.y,self.min_y),"xc")
    # for stopping simulation with the esc key.
    plt.gcf().canvas.mpl_connect('key_release_event',
    lambda event: [exit(0) if event.key=='escape' else None])
    if len(closed_set.keys()) % 10==0:
        plt.pause(0.001)
if current.x==goal_node.x and current.y==goal_node.y:
    print("Find goal")
    goal_node.parent_index=current.parent_index
    goal_node.cost=current.cost
    break
# Remove the item from the open set
del open_set[c_id]
# Add it to the closed set
closed_set[c_id]=current
# expand_grid search grid based on motion model
for i,_ in enumerate(self.motion):
    node=self.Node(current.x + self.motion[i][0],current.y + self.motion[i][1],
                current.cost + self.motion[i][2],c_id)
    n_id=self.calc_grid_index(node)
    # If the node is not safe,do nothing
    if not self.verify_node(node):
```

```python
                continue
            if n_id in closed_set:
                continue
            if n_id not in open_set:
                open_set[n_id] = node  # discovered a new node
            else:
                if open_set[n_id].cost > node.cost:
                    # This path is the best until now. record it
                    open_set[n_id] = node
    rx, ry = self.calc_final_path(goal_node, closed_set)
    return rx, ry
def calc_final_path(self, goal_node, closed_set):
    # generate final course
    rx, ry = [self.calc_grid_position(goal_node.x, self.min_x)], \
        [self.calc_grid_position(goal_node.y, self.min_y)]
    parent_index = goal_node.parent_index
    while parent_index != -1:
        n = closed_set[parent_index]
        rx.append(self.calc_grid_position(n.x, self.min_x))
        ry.append(self.calc_grid_position(n.y, self.min_y))
        parent_index = n.parent_index
    return rx, ry
@staticmethod
def calc_heuristic(n1, n2):
    w = 1.0    # weight of heuristic
    d = w * math.hypot(n1.x - n2.x, n1.y - n2.y)
    return d
@staticmethod
def calc_manHaDun(n1, n2):
    w = 1.0    # weight of heuristic
    d = w * (abs(n1.x - n2.x) + abs(n1.y - n2.y))
    return d
@staticmethod
def calc_diagonal(n1, n2):
    w = 1.4    # weight of heuristic
    d = w * min((abs(n1.x - n2.x), abs(n1.y - n2.y))) + ((abs(n1.x - n2.x) + abs(n1.
        y - n2.y)) - 2 * min((abs(n1.x - n2.x), abs(n1.y - n2.y))))
```

```python
        return d
    def calc_grid_position(self, index, min_position):
        """
        calc grid position
        : param index:
        : param min_position:
        : return:
        """
        pos=index * self.resolution + min_position
        return pos
    def calc_xy_index(self, position, min_pos):
        return round((position - min_pos) / self.resolution)
    def calc_grid_index(self, node):
        return(node.y - self.min_y) * self.x_width +(node.x - self.min_x)
    def verify_node(self, node):
        px=self.calc_grid_position(node.x, self.min_x)
        py=self.calc_grid_position(node.y, self.min_y)
        if px < self.min_x:
            return False
        elif py < self.min_y:
            return False
        elif px >=self.max_x:
            return False
        elif py >=self.max_y:
            return False
        # collision check
        if self.obstacle_map[node.x][node.y]:
            return False
        return True
    def calc_obstacle_map(self, ox, oy):
        self.min_x=round(min(ox))
        self.min_y=round(min(oy))
        self.max_x=round(max(ox))
        self.max_y=round(max(oy))
        print("min_x: ", self.min_x)
        print("min_y: ", self.min_y)
        print("max_x: ", self.max_x)
```

```python
        print("max_y：", self.max_y)

        self.x_width＝round((self.max_x － self.min_x) / self.resolution)
        self.y_width＝round((self.max_y － self.min_y) / self.resolution)
        print("x_width：", self.x_width)
        print("y_width：", self.y_width)

        # obstacle map generation
        self.obstacle_map＝[[False for _ in range(self.y_width)]
                            for _ in range(self.x_width)]
        for ix in range(self.x_width)：
            x＝self.calc_grid_position(ix, self.min_x)
            for iy in range(self.y_width)：
                y＝self.calc_grid_position(iy, self.min_y)
                for iox, ioy in zip(ox, oy)：
                    d＝math.hypot(iox － x, ioy － y)
                    if d＜＝self.rr：
                        self.obstacle_map[ix][iy]＝True
                        break
    @staticmethod
    def gct_motion_model()：
        # dx, dy, cost
        motion＝[[1, 0, 1],
                [0, 1, 1],
                [-1, 0, 1],
                [0, -1, 1],
                [-1, -1, math.sqrt(2)],
                [-1, 1, math.sqrt(2)],
                [1, -1, math.sqrt(2)],
                [1, 1, math.sqrt(2)]]
        return motion
def main()：
    print(_file_ + " start!!")
    # start and goal position
    sx＝10.0   # [m]
    sy＝10.0   # [m]
    gx＝50.0   # [m]
```

```python
        gy=50.0   # [m]
        grid_size=2.0   # [m]
        robot_radius=1.0   # [m]
        # set obstacle positions
        ox, oy=[], []
        for i in range(-10, 60):
            ox.append(i)
            oy.append(-10.0)
        for i in range(-10, 60):
            ox.append(60.0)
            oy.append(i)
        for i in range(-10, 61):
            ox.append(i)
            oy.append(60.0)
        for i in range(-10, 61):
            ox.append(-10.0)
            oy.append(i)
        for i in range(-10, 40):
            ox.append(20.0)
            oy.append(i)
        for i in range(0, 40):
            ox.append(40.0)
            oy.append(60.0 - i)
        if show_animation:   # pragma: no cover
            plt.plot(ox, oy, ".k")
            plt.plot(sx, sy, "og")
            plt.plot(gx, gy, "xb")
            plt.grid(True)
            plt.axis("equal")
        a_star=AStarPlanner(ox, oy, grid_size, robot_radius)
        rx, ry=a_star.planning(sx, sy, gx, gy)
        if show_animation:   # pragma: no cover
            plt.plot(rx, ry, "-r")
            plt.pause(0.001)
            plt.show()
if_name_=='_main_':
    main()
```

8.5 RRT 算法

8.5.1 基本原理

快速扩展随机树（Rapidly-exploring Random Tree，RRT）算法由伊利诺伊大学的 S. M. LaVane 于 1998 年提出，在路径规划中得到了广泛应用。它是一种基于采样的单查询随机搜索方法，可以解决高维空间中的路径搜寻问题。RRT 算法使用一种树形数据结构，在规划空间中以随机采样点的形式进行引导，并在目标点和起始点之间规划出一条安全无碰撞的路径。算法由很多节点组成，在路径节点处，算法可以通过规划区信息非常迅速地搜索出可行空间，形成树状样子的规划路径，满足特定的限制条件之后，优化出一条最优路径。

RRT 算法的基本思想是连接一系列从规划空间中随机采样的节点，形成一条从起始点到目标点的无碰撞路径。该算法主要包括两个阶段：正向构造和反向连接。随机树的正向构造是指，以起始点为根节点，寻找已扩展随机树中距离采样点最近的节点，接着以固定步长生成新节点，检测它们之间有无障碍物，如果没有，就把新节点加入树中，通过不断的迭代和扩展到达目标点附近。RRT 算法的扩展过程如图 8-6 所示。RRT 算法以起始点为根节点，利用随机采样逐步增加节点数，并逐步形成随机扩展树，RRT 算法进行路径搜索的过程实际上就是随机树扩展的过程。需要注意的是，RRT 算法不要求树节点扩展到随机采样点上，随机采样点不引导随机树扩展的方向。当随机扩展树的节点含有目标点或目标区域的时候，随机树便停止扩展，并在随机树中形成一条从起点到终点的最优路径，算法流程图如图 8-7 所示。无人机采用 RRT 算法进行路径规划的基本原理也正是以无人机初始状态为根节点，以某种启发式概率在自由空间中搜索随机点作为节点，从而使扩展树从当前节点向随机节点生长，直至到达目标点。

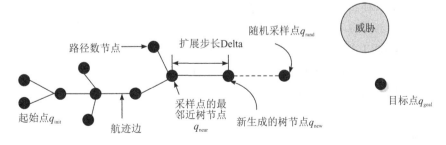

图 8-6 RRT 算法的扩展过程示意图

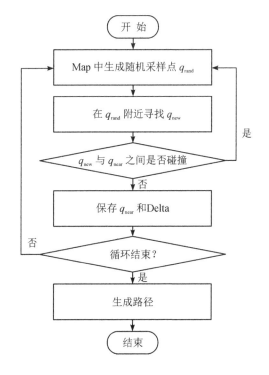

图 8-7 RRT 算法流程图

RRT 算法采用增量方式构造随机扩展树，通过对无障碍区域进行节点扩展，随着树节点的增加会逐渐覆盖整个区域，这说明其具有概率完备性，也从侧面保证了 RRT 算法一定有可行解。使用 RRT 算法解决密集障碍物环境中的路径规划问题时，首先对采样点进行碰撞检测，若通过检测则将其加入树结构中，不依赖于外界环境，能够在连续空间中搜索路径，避免对空间多重图像建模。在一般情况下，该算法相比其他算法收敛速度更高。随着规划空间维数的增加，算法的计算量和复杂度不会呈指数式增长。同时算法的计算不会受到环境太大的影响，这使得算法具有良好的鲁棒性。一般来说，四旋翼无人机的飞行环境往往是动态的，环境部分具有已知约束条件或有其他约束条件，而 RRT 算法容易与其他算法进行结合，因此，RRT 算法在针对四旋翼无人机进行这种实时性要求较高的路径规划问题时具有优势。但是 RRT 算法在密集障碍物、狭窄通道或凹形环境下会存在收敛速度慢的情况，而且 RRT 算法无法对不同的障碍物进行区分，因此不能对不同的障碍物进行精细化的路径规划操作。

RRT 算法具有如下缺点：

(1) 效率低。需要经过很多次迭代才能找到相对满意的最优解或次优解。

（2）无方向性。在随机树节点扩展的过程中，缺少引导，生成随机采样点时较盲目。

（3）重复性低。每次对同样的任务进行路径规划时，会产生不同的路径，具有即时性。

8.5.2　仿真与分析

在 Matlab 平台上，对 RRT 算法进行仿真，由于无人机在飞行过程中，飞行高度一般保持不变，为了简化环境建模的难度，将无人机所处的运动状态空间简化为二维空间，算法仿真结果如图 8-8 所示。

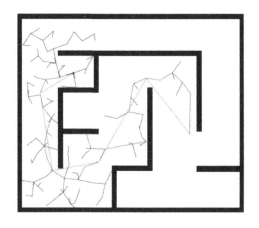

图 8-8　RRT 算法仿真图

RRT 算法可以快速遍历空间的未探索区域，理想状态下只要时间足够长、迭代次数足够多，没有不会被探索到的区域，但是 RRT 算法的路径不是最优的，因此可以通过 RRT* 算法解决 RRT 算法的弊端。

8.5.3　RRT 算法程序

RRT 算法被广泛应用在各种机器人和无人机的运动规划场景中。RRT 算法将搜索的起点位置作为根节点，然后通过随机采样增加叶子节点的方式，生成一个随机扩展树。当随机扩展树的叶子节点进入目标区域，就得到了从起点位置到目标位置的路径。下面是基于 RRT 算法的无人机路径规划程序。

```
My_RRT. m
function My_RRT
clc；clear；close all；
loadmaze. mat map
```

```
[map_height, map_width]=size(map); %行是高 y, 列是宽 x
q_start=[206, 198]; %qstar(1): x 宽, qstart(2): y 高
q_goal=[416, 612];
colormap=[1 1 1
          0 0 0
          1 0 0
          0 1 0
          0 0 1];
imshow(uint8(map), colormap)
hold on
vertices=q_start;
edges=[];
K=10000;
delta_q=50;
p=0.3;
q_rand=[];
q_near=[];
q_new=[];
%main loop
plot(q_start(2), q_start(1), '*b')
plot(q_goal(2), q_goal(1), '*y')
for k=1: K
    arrived=is_goal_arrived(vertices, q_goal, delta_q);
    if arrived
        vertices=[vertices; q_goal];
        edges=[edges; [size(vertices, 1), size(vertices, 1)-1]];
        break;
    end
    if rand <=p
        q_rand=q_goal;
    else
        q_rand=[randi(map_height), randi(map_width)];
    end
    if map( q_rand(1, 1), q_rand(1, 2) )===1
        continue;
    end
    [q_new, q_near, q_near_ind, vector_dir]=get_qnew_qnear(delta_q, q_rand, vertices);
```

```
        add_qnew=is_add_in_veritces(map, q_new, q_near, vector_dir, 10);
        if add_qnew
            vertices=[vertices; q_new];
            r_v=size(vertices, 1);
            edges=[edges; [r_v, q_near_ind]];
        else
            continue;
        end
    plot([q_near(1, 2), q_new(1, 2)], [q_near(1, 1), q_new(1, 1)], '−b')
    drawnow
end
path=find_path_node(edges);
plot(vertices(path, 2), vertices(path, 1), '−r')
path_smooth=smooth(path, vertices, map);
plot(vertices(path_smooth, 2), vertices(path_smooth, 1), '−g');
end
%% sub function
function arrived=is_goal_arrived(vertices, q_goal, delta_q)
dist=pdist2(vertices(end, :), q_goal);
if dist <=delta_q
    arrived=1;
else
    arrived=0;
end
end
function [q_new, q_near, q_near_ind, vector_dir]=get_qnew_qnear(delta_q, q_rand, vertices)
dist_rand=pdist2(vertices, q_rand);
[dist_min, q_near_ind]=min(dist_rand);
q_near=vertices(q_near_ind, :);
vector_dir=q_rand−q_near;
vector_dir=vector_dir. /dist_min;
if dist_min > delta_q
    q_new=floor(q_near+delta_q * vector_dir);
else
    q_new=q_rand;
end
end
```

```
function add_qnew=is_add_in_veritces(map, q_new, q_near, vector_dir, insert_p)
dist_new2near=norm(q_new-q_near);
dist_gap=dist_new2near/insert_p;
ii=1: insert_p;
insert_point=repmat(q_near, insert_p, 1)+ii'. * dist_gap * vector_dir;
insert_point=[floor(insert_point); q_new];
insert_num=sub2ind(size(map), insert_point(:, 1), insert_point(:, 2));
or=find( map(insert_num)==1);
if ~isempty(or)
    add_qnew=0;
else
    add_qnew=1;
end
end
function path=find_path_node(edges)
e=edges(end, 2);
path=edges(end, :);
while true
    ind=find(edges(:, 1)==e);
    tmp_e=edges(ind, :);
    e=tmp_e(2);
    path=[path, e];
    if e==1
        break;
    end
end
end
function path_smooth=smooth(path, vertices, map)
path_smooth=path(end);
tmp_point=vertices(1, :);
while true
    l_p=length(path);
    for i=1: l_p
        vec=vertices( path(i), :) - tmp_point;
        vec_dir=vec/norm(vec);
        or_reduce=is_add_in_veritces(map , vertices(path(i), :), tmp_point, vec_dir, 60);
        if or_reduce==1 %可缩减
```

```
            path_smooth＝[path_smooth，path(i)];
            tmp_point＝vertices(path(i)，：);
    break;
        else
            continue;
        end
    end
    vec_goal＝vertices(end，：) － tmp_point;
    goal_dir＝vec_goal/norm(vec_goal);
    or_goal＝is_add_in_veritces(map，vertices(end，：),tmp_point,goal_dir,60);
    if or_goal＝＝1 %可以与目标点连接
        path_smooth＝[path_smooth，path(1)];
        break;
    else
        ind_path＝find(path＝＝path(i));
        path＝path(1：ind_path);
    end
end
end
```

8.6　RRT* 算法

8.6.1　基本原理

RRT* 算法在进行随机树扩展时加入了寻优过程。算法不仅将通过采样得到的新节点加入随机树中，还在距新节点一定距离的圆形邻域范围内所包含的树节点中搜索是否存在新的父节点。若新节点与该父节点连接后能得到代价更小的路径，则对新节点进行父节点重连。此外，在圆形邻域中搜索是否存在其他树节点，若该树节点将新节点作为父节点进行连接，其产生的路径代价比之前的路径代价更低，则对随机树进行重连操作。RRT* 算法的路径寻优过程如图 8-9 所示。

加入了寻优过程后，RRT* 算法能够在保持 RRT 算法概率完备性的基础上具有渐近最优性，这样就解决了 RRT 算法不能保证所得路径是优化路径的问题。

RRT* 算法的具体流程如下：

（1）初始化随机树，令起始点为随机树的根节点。

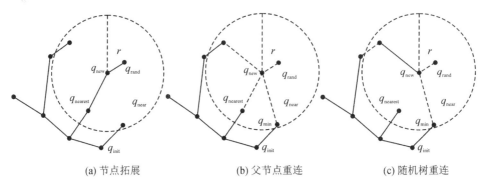

(a) 节点拓展　　　　　　(b) 父节点重连　　　　　　(c) 随机树重连

图 8-9　RRT* 算法的路径寻优过程示意图

（2）空间域随机采样得到采样点。

（3）在随机树中搜索与采样点距离最近的树节点，得到最近邻点。

（4）由最近邻点位置出发，向采样点位置延伸一个步长的距离，得到新节点，并将最近邻点作为新节点邻近的最小值点。

（5）检测最近邻点与新节点之间连接形成的路径段是否位于障碍物威胁区域中，如果路径段与障碍物区域无交叉，则将新节点加入随机树中，否则舍弃新节点，跳转到步骤（2）中继续运行。

（6）以新节点为圆心、步长为半径作新节点的圆形邻域，将该邻域中包含的树节点分别与新节点作连接，并对所连的路径段进行碰撞检测，舍弃位于障碍物区域的点。

（7）在圆形邻域中满足条件的树节点中迭代寻找是否存在这样一个树节点，该树节点作为新节点的父节点与新节点连接后得到的路径总代价比步骤（3）中所得的最近邻点与新节点连接后得到的路径代价更小。如果存在，用这个树节点取代最近邻点作为新节点的父节点及新节点邻域中的最小值点，否则继续执行后续步骤。

（8）忽略步骤（7）中得到的圆形邻域中的最小值点，将新树节点与邻域中其他树节点连接，并进行碰撞检测，舍弃位于障碍物区域的点。

（9）在圆形邻域中满足碰撞检测条件的树节点中迭代寻找是否存在这样一个树节点，新节点与父节点连接后得到的总路径代价比上一代子节点与父节点的路径代价更低。如果存在，将该树节点及其子节点重连到以新节点为父节点的路径中，否则继续后续步骤。

（10）重复上述步骤，直到将目标点加入树中。

RRT* 算法规划出的路径具有渐近最优性，然而寻优的过程加大了计算量，收敛速度慢，耗费了更多的时间，因此 RRT* 算法的实时性不如 RRT 算法。RRT* 算法流程图如图 8-10 所示。

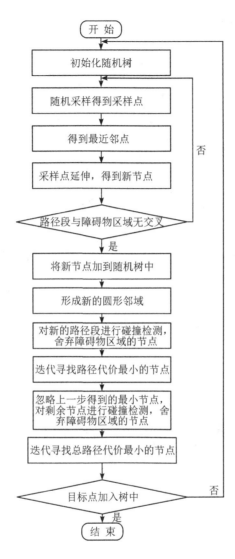

图 8-10　RRT* 算法流程图

8.6.2　仿真与分析

在 Matlab 仿真平台上，分别对二维空间和三维空间的 RRT* 算法进行仿真。二维空间的 RRT* 算法仿真结果如图 8-11 所示，三维空间的 RRT* 算法仿真结果如图 8-12 所示。

RRT* 算法在原有的 RRT 算法的基础上，改进了父节点的选择方式，采用代价函数来选取并扩展节点邻域内最小代价的节点为父节点，同时，每次迭代后都会重新连接现有树上的节点，从而保证计算的复杂度和渐进最优解。

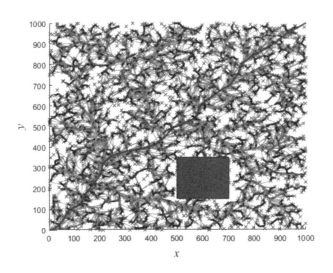

图 8-11　二维空间的 RRT* 算法仿真图

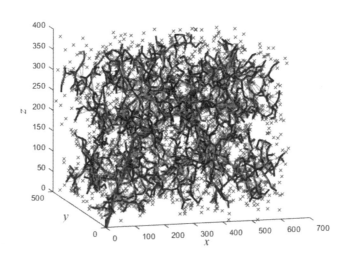

图 8-12　三维空间的 RRT* 算法仿真图

8.6.3　RRT 算法程序

传统的 RRT 算法在扩展树节点扩展的过程中，存在节点无限扩展的劣势，这样会大量占用计算机内存，影响算法效率。RRT* 算法通过采用扩展树优化剪枝策略来减少节点数量，减少 RRT 算法迭代次数，进而提高算法性能。下面给出二维空间和三维空间的 RRT* 算法程序。

1. 二维空间的 RRT* 算法程序

```
RRTStar. m
clearvars
close all
x_max=1000；
y_max=1000；
obstacle=[500，150，200，200]；
EPS=20；
numNodes=3000；
q_start. coord=[0 0]；
q_start. cost=0；
q_start. parent=0；
q_goal. coord=[999 999]；
q_goal. cost=0；
nodes(1)=q_start；
figure(1)
axis([0 x_max 0 y_max])
rectangle('Position'，obstacle，'FaceColor'，[0 .5 .5])
hold on
for i=1：1：numNodes
    q_rand=[floor(rand(1) * x_max) floor(rand(1) * y_max)]；
    plot(q_rand(1)，q_rand(2)，'x'，'Color'，  [0 0.4480 0.8410])
    for j=1：1：length(nodes)
        if nodes(j). coord==q_goal. coord
            break
        end
    end
    ndist=[]；
    for j=1：1：length(nodes)
        n=nodes(j)；
        tmp=dist(n. coord，q_rand)；
        ndist=[ndist tmp]；
    end
```

```
[val, idx]=min(ndist);
q_near=nodes(idx);
q_new. coord=steer(q_rand, q_near. coord, val, EPS);
if noCollision(q_rand, q_near. coord, obstacle)
 line([q_near. coord(1), q_new. coord(1)],
     [q_near. coord(2), q_new. coord(2)], 'Color ', 'k ', 'LineWidth ', 2);
     drawnow
     hold on
     q_new. cost=dist(q_new. coord, q_near. coord) + q_near. cost;
     q_nearest=[];
     r=60;
     neighbor_count=1;
     for j=1: 1: length(nodes)
      if noCollision(nodes(j). coord, q_new. coord, obstacle) && dist(nodes(j). coord,
           q_new. coord)<=r
              q_nearest(neighbor_count). coord=nodes(j). coord;
              q_nearest(neighbor_count). cost=nodes(j). cost;
              neighbor_count=neighbor_count+1;
          end
      end
      q_min=q_near;
      C_min=q_new. cost;
      for k=1: 1: length(q_nearest)
          if noCollision(q_nearest(k). coord, q_new. coord, obstacle) &&
              q_nearest(k). cost +dist(q_nearest(k). coord, q_new. coord) < C_min
              q_min=q_nearest(k);
              C_min=q_nearest(k). cost + dist(q_nearest(k). coord, q_new. coord);
              line([q_min. coord(1), q_new. coord(1)],
                  [q_min. coord(2), q_new. coord(2)], 'Color ', 'g ');
              hold on
          end
      end
      for j=1;1;length(nodes)
          if nodes(j). coord==q_min. coord
              q_new. parent=j;
          end
      end
```

```
        nodes=[nodes q_new];
    end
end
D=[];
for j=1:1:length(nodes)
    tmpdist=dist(nodes(j).coord, q_goal.coord);
    D=[D tmpdist];
end
[val, idx]=min(D);
q_final=nodes(idx);
q_goal.parent=idx;
q_end=q_goal;
nodes=[nodes q_goal];
while q_end.parent~=0
    start=q_end.parent;
    line([q_end.coord(1), nodes(start).coord(1)],
        [q_end.coord(2), nodes(start).coord(2)], 'Color', 'r', 'LineWidth', 2);
    hold on
    q_end=nodes(start);
end
ccw.m
function val=ccw(A, B, C)
    val=(C(2)-A(2)) * (B(1)-A(1)) > (B(2)-A(2)) * (C(1)-A(1));
end
dist.m
function d=dist(q1, q2)
d=sqrt((q1(1)-q2(1))^2 + (q1(2)-q2(2))^2);
end
noCollision.m
function nc=noCollision(n2, n1, o)
    A=[n1(1) n1(2)];
    B=[n2(1) n2(2)];
    obs=[o(1) o(2) o(1)+o(3) o(2)+o(4)];
    C1=[obs(1), obs(2)];
    D1=[obs(1), obs(4)];
    C2=[obs(1), obs(2)];
    D2=[obs(3), obs(2)];
```

```
    C3=[obs(3), obs(4)];
    D3=[obs(3), obs(2)];
    C4=[obs(3), obs(4)];
    D4=[obs(1), obs(4)];
    % Check if path from n1 to n2 intersects any of the four edges of the
    % obstacle
    ints1=ccw(A, C1, D1) ~=ccw(B, C1, D1) && ccw(A, B, C1) ~=ccw(A, B, D1);
    ints2=ccw(A, C2, D2) ~=ccw(B, C2, D2) && ccw(A, B, C2) ~=ccw(A, B, D2);
    ints3=ccw(A, C3, D3) ~=ccw(B, C3, D3) && ccw(A, B, C3) ~=ccw(A, B, D3);
    ints4=ccw(A, C4, D4) ~=ccw(B, C4, D4) && ccw(A, B, C4) ~=ccw(A, B, D4);
    if ints1==0 && ints2==0 && ints3==0 && ints4==0
        nc=1;
    else
        nc=0;
    end
end
steer.m
function A=steer(qr, qn, val, eps)
    qnew=[0 0];
    % Steer towards qn with maximum step size of eps
    if val >=eps
        qnew(1)=qn(1) +((qr(1)-qn(1)) * eps)/dist(qr, qn);
        qnew(2)=qn(2) +((qr(2)-qn(2)) * eps)/dist(qr, qn);
    else
        qnew(1)=qr(1);
        qnew(2)=qr(2);
    end
    A=[qnew(1), qnew(2)];
end
```

2. 三维空间的 RRT* 算法程序

```
RRTStar-3d.m
clearvars
close all
x_max=640;
y_max=480;
z_max=400;
```

```
EPS＝20；
numNodes＝2000；
q_start. coord＝[0 0 0]；
q_start. cost＝0；
q_start. parent＝0；
q_goal. coord＝[640 400 180]；
q_goal. cost＝0；
nodes(1)＝q_start；
figure(1)
for i＝1：1：numNodes
    q_rand＝[rand(1) * x_max rand(1) * y_max rand(1) * z_max]；
    plot3(q_rand(1)，q_rand(2)，q_rand(3)，'x'，'Color'，[0 0.4480 0.8410])
    for j＝1：1：length(nodes)
        if nodes(j). coord＝＝q_goal. coord
            break
        end
    end
    ndist＝[]；
    for j＝1：1：length(nodes)
        n＝nodes(j)；
        tmp＝dist_3d(n. coord，q_rand)；
        ndist＝[ndist tmp]；
    end
    [val，idx]＝min(ndist)；
    q_near＝nodes(idx)；
    q_new. coord＝steer3d(q_rand，q_near. coord，val，EPS)；
    line([q_near. coord(1)，q_new. coord(1)]，[q_near. coord(2)，q_new. coord(2)]，
        [q_near. coord(3)，q_new. coord(3)]，'Color'，'k'，'LineWidth'，2)；
    drawnow
    hold on
    q_new. cost＝dist_3d(q_new. coord，q_near. coord) ＋ q_near. cost；
    q_nearest＝[]；
    r＝50；
    neighbor_count＝1；
    for j＝1：1：length(nodes)
        if(dist_3d(nodes(j). coord，q_new. coord))＜＝r
            q_nearest(neighbor_count). coord＝nodes(j). coord；
```

```
                q_nearest(neighbor_count).cost=nodes(j).cost;
                neighbor_count=neighbor_count+1;
            end
        end
        q_min=q_near;
        C_min=q_new.cost;
        for k=1:1:length(q_nearest)
            if q_nearest(k).cost + dist_3d(q_nearest(k).coord,q_new.coord) < C_min
                q_min=q_nearest(k);
                C_min=q_nearest(k).cost + dist_3d(q_nearest(k).coord,q_new.coord);
                line([q_min.coord(1),q_new.coord(1)],[q_min.coord(2),q_new.coord(2)],
                    [q_min.coord(3),q_new.coord(3)],'Color','g');
                hold on
            end
        end
        for j=1:1:length(nodes)
            if nodes(j).coord==q_min.coord
                q_new.parent=j;
            end
        end
        nodes=[nodes q_new];
    end
    D=[];
    for j=1:1:length(nodes)
        tmpdist=dist_3d(nodes(j).coord,q_goal.coord);
        D=[D tmpdist];
    end
    [val,idx]=min(D);
    q_final=nodes(idx);
    q_goal.parent=idx;
    q_end=q_goal;
    nodes=[nodes q_goal];
    while q_end.parent ~=0
        start=q_end.parent;
        line([q_end.coord(1),nodes(start).coord(1)],[q_end.coord(2),nodes(start).coord(2)],
            [q_end.coord(3),nodes(start).coord(3)],'Color','r','LineWidth',4);
        hold on
```

```
        q_end＝nodes(start)；
end
Dist-3d. m
dfunction d＝dist_3d(q1，q2)
        d＝sqrt((q1(1)－q2(1))^2 ＋(q1(2)－q2(2))^2 ＋(q1(3)－q2(3))^2)；
end
Steer-3d. m
dfunction d＝dist_3d(q1，q2)
        d＝sqrt((q1(1)－q2(1))^2 ＋(q1(2)－q2(2))^2 ＋(q1(3)－q2(3))^2)；
end
```

本 章 小 结

　　本章从无人机路径规划的定义入手，着重介绍了 APF 算法、Dijkstra 算法、A^* 算法、RRT 算法和 RRT* 算法，对其原理进行了详细的说明，设计了相应的代码，并在相应的仿真平台上进行了验证。

习　　题

　　1. 势场怎样影响无人机的飞行？APF 算法的优点有哪些？

　　2. 简述 A^* 算法的设计思想，分别阐述 A^* 算法的优点和缺点以及改进思路。

　　3. 说明 A^* 算法在时间上和空间上的消耗是怎样的。

　　4. A^* 算法中估价函数的选取原则是什么？

　　5. 简述 RRT 算法的设计思想，RRT 算法适用于哪些应用场景？

　　6. RRT 算法有哪些不足？简述 RRT* 算法与 RRT 算法相比，有哪些改进的方面。

　　7. 简述 RRT* 算法的路径寻优过程，设计过程中需要注意的地方有哪些？

　　8. 除了本章提到的算法，还有哪些路径规划算法？请举例说明并进行编程设计。

第9章 多层多源无人机信息融合技术

9.1 引 言

信息融合技术是将多源信息进行整合和分析的技术。它通过将数据和信息从多个不同的源头整合在一起，生成更全面、准确和有用的信息。无人机信息融合技术是将来自多个传感器的数据进行集成和分析，以提高无人机的感知、决策和执行能力。它通过综合利用气压计、GPS和加速度计等传感器的数据，实现对环境的全面感知和理解，从而更好地执行任务。

无人机信息融合技术的关键在于数据的整合和分析。无人机通过传感器获取多维度、多源的数据，这些数据包括地理空间信息、目标识别信息、环境条件等，进而通过特定的算法和处理技术，对这些数据进行整合和分析，提取有用的信息和特征。利用这些信息和特征，无人机可以做出更准确、更智能的决策，实现自主飞行、目标追踪、环境监测等任务。

随着无人机技术的发展，巡航过程中对测高的要求越来越高。无人机能够搭载多种传感器采集外界高度数据，并对状态进行控制，进而完成目标任务。不准确的高度数据将会严重影响无人机执行任务的质量，甚至导致严重故障。目前，测高传感器通常包括气压计、GPS和加速度计等，大量测试结果表明，各种传感器各有优劣。气压计测高时分辨率较高，但受气压变化的影响较大，无法满足多区域精准测高的需求。GPS具有较好的定位精度，但数据更新率低，且易出现定位故障，也不适宜单独应用在高精度的测量中。加速度计可以在高度测量过程中对垂直方向的加速度和速度的变化进行测量，但误差的累积效应会导致最终测高数据出现大幅发散现象。一般地，无人机采用单一传感器测高无法满足精度需求。因此可以使用多传感器信息融合方法，对不同传感器的优势进行融合，以此来达到高精度的要求。

9.2　多传感器测高模型

9.2.1　气压计测高模型

气压计是利用大气气压会随着高度的增加而降低的原理来测量高度的。以标准海平面作为基准面，当高度在 11 km 以下时，标准气压高度公式为

$$H = \frac{T_b}{\beta}\left[\left(\frac{P_H}{P_b}\right)^{-\beta R/g} - 1\right] + H_b \tag{9.1}$$

其中，P_H 和 P_b 分别是高度为 H 和 b 时对应的气压（单位为 Pa），T_b 是高度为 b 时的温度（单位为 K），β 是温度垂直变化率（单位为 K/m），R 是空气专用气体常数（$\mathrm{m^2/(K \cdot s^2)}$），$g$ 是重力加速度常数（单位为 $\mathrm{m/s^2}$）。

气压计测高模型为

$$h_1 = h + \varepsilon_1 \tag{9.2}$$

其中，h_1 是气压计的测量高度，h 是真实高度，ε_1 是气压计的测量噪声。

9.2.2　GPS 测高模型

GPS 可以得到无人机在 WGS-84 坐标系中的准确位置，经过坐标系转换，可以求得大地高 H_G，即以椭球面为基准时无人机的高度；实际测量时以似大地水准面为基准，测得的高度为 H；椭球面和似大地水准面之间的高度差称为高程异常 ξ。它们之间的关系可以表示为

$$H = H_G - \xi \tag{9.3}$$

GPS 测高模型为

$$h_2 = h + \varepsilon_2 \tag{9.4}$$

其中，h_2 是 GPS 的测量高度，h 是真实高度，ε_2 是 GPS 的测量噪声。

9.2.3　加速度计测高模型

加速度计可以测量出无人机高度方向的速度变化，通过对速度积分，短时间内可以得到精度较高的高度变化量，但长时间会使误差累积，最终导致测高数据发散。无人机相对地面的高度 H、垂向速度 V_g 和垂向加速度 a_g 之间的关系为

$$H = \int_0^t V_g \,\mathrm{d}t = \int_0^t \int_0^t a_g \,\mathrm{d}t \,\mathrm{d}t \tag{9.5}$$

加速度计测高模型为

$$h_3 = h + \varepsilon_3 \tag{9.6}$$

其中，h_3 是加速度计的测量高度，h 是真实高度，ε_3 是加速度计的测量噪声。

由此可见，各类传感器检测结果受到自身测量特性的限制，无法满足无人机对高度的精准测量要求。下面将从气压计、GPS 和加速度计的测量特性出发，进行高度测量信息的融合，达到精确测量的目的。

 # 9.3 信息融合无人机测高设计

9.3.1 一步延迟时间融合算法设计

一步延迟时间融合算法不仅能够通过递推估计实现单一雷达传感器在不同时刻的融合估计，减小或消除其在测量过程中的不确定性，而且还通过前后时间邻域点测量数据的重复运算，提升结果的正确率，获取可靠性更高的测量数据。

设采用多个传感器（个数为 d）对某一被测参数进行测量，在某一时间间隔内，每个传感器测量到 n 个数据 $Z_i(1)$，$Z_i(2)$，$\cdots$，$Z_i(n)$，其中 $i=1,2,\cdots,d$，然后采用时间融合估计。对于真值 X，由第 i 个传感器前两个时间点的测量可得

$$\begin{cases} Z_i(1) = X + V_i(1) \\ Z_i(2) = X + V_i(2) \end{cases} \tag{9.7}$$

其中，$V_i(1)$、$V_i(2)$ 为符合正态分布的测量噪声。假定测量噪声的均值等于零，方差分别为 $\delta_i^2(1)$ 和 $\delta_i^2(2)$。假定 X、$V_i(1)$ 和 $V_i(2)$ 都是相互独立的随机变量。第 1 个时间点采用同一传感器获取 X 的均值和方差，即

$$\begin{cases} Z_i^+(1) = Z_i(1) \\ P_i^+(1) = \delta_i^2(1) \end{cases} \tag{9.8}$$

利用时间递推估计理论推出第 2 个时间点的最优估计值 $Z_i^+(2)$ 和方差 $P_i^+(2)$ 为

$$Z_i^+(2) = \frac{\delta_i^2(2)}{\delta_i^2(1) + \delta_i^2(2)} Z_i(1) + \frac{\delta_i^2(1)}{\delta_i^2(1) + \delta_i^2(2)} Z_i(2) \tag{9.9}$$

$$P_i^+(2) = \frac{\delta_i^2(1)\delta_i^2(2)}{\delta_i^2(1) + \delta_i^2(2)} \tag{9.10}$$

传感器采集高度的量测数据后，将每次估计值 Z_i^+ 和方差 P_i^+ 作为下一次采集测量的统计特性，将新的测量数据用于修正并依次递推计算，可得同一传感器 k 次测量后的时间融合估计值 $Z_i^+(k)$ 和方差 $P_i^+(k)$ 为

$$Z_i^+(k) = \frac{\delta_i^2(k)}{P_i^+(k-1) + \delta_i^2(k)} Z_i^+(k-1) + \frac{P_i^+(k-1)}{P_i^+(k-1) + \delta_i^2(k)} Z_i(k) \qquad (9.11)$$

$$P_i^+(k) = \frac{P_i^+(k-1)\delta_i^2(k)}{P_i^+(k-1) + \delta_i^2(k)} \qquad (9.12)$$

在此基础上，测量方差可以通过单一传感器的自协方差因子和互协方差因子计算获取。

9.3.2　多层多源无人机信息融合算法设计

多层多源无人机信息融合模型由两层组成，其系统框架如图 9-1 所示。第一层为基于二步延迟自适应时空融合，包含二步延迟时间融合和空间融合两个子层。第二层为基于参数辨识的自适应互补滤波。

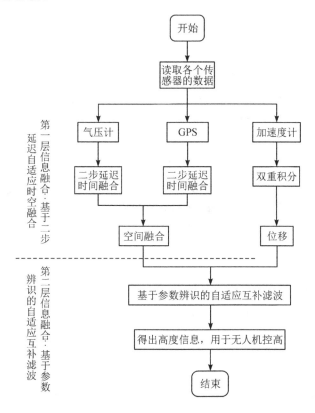

图 9-1　多层多源无人机信息融合系统框图

通常情况下，气压计和 GPS 的噪声较大，长时间工作时，其数据较为稳定，能够保持在高度真值附近波动。加速度计的噪声较小，经过两次积分，可以转化为位移，在短时间内较为精确，但开机时间长了会产生积分漂移，导致其误差较大。因此仅仅设计一层时空融合算法是不够的，无法将加速度计数据与气压计和 GPS 数据同时进行融合。这里必须另外设计一层信息融合，第二层信息融合采用互补滤波。在做第一层信息融合的过程中，当 GPS 和气压计的数据噪声较大时，时空融合算法计算出的融合高度数据会出现一些尖锐的毛刺。如果采用常规互补滤波算法，这些毛刺无法彻底滤除，当其进入滤波后的波形中时，将会使无人机的高度数据产生误差。针对这个问题，设计一种基于参数辨识的自适应互补滤波算法，应用在第二层信息融合中。

1. 第一层信息融合

在第一层信息融合过程中，结合无人机测高过程中数据量较小的特点，设计一种新的采用基于二步延迟自适应时空融合的融合算法，利用更多的历史数据完成数据融合估计。

该算法首先利用高度传感器在某一时间点的量测值与前两个时间点的估计值进行融合，可计算得到同一传感器在多个时间点的融合估计值，然后将各异类传感器在同一时刻的估计值进行空间融合，从而得到最终的估计值。通过两个子层的划分将数据融合分解为两次估计：基于二步延迟时间的最优融合估计和基于空间的最优融合估计。这两个子层构建的数据融合算法不需要先验信息，利用采集获取的观测数据精度来确定其对应的不同权值，从而计算出均方误差最小的融合值。第一层信息融合过程如图 9-2 所示。

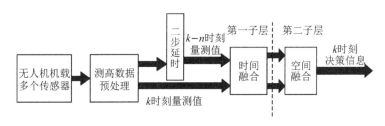

图 9-2　第一层信息融合框图

在高速数据量测过程中，在无人机的不同空间位置装备 d 个异类高度传感器，各个传感器在不同时间和空间所获取的无人机高度观测数据是不相同的。d 个传感器在 n 个不同时间点会获取 $d \times n$ 个观测值。第一层信息融合分为两个子层：第一子层是在一步延迟时间的融合估计的基础上推导基于二步延迟时间的递推估计以进行融合估计，将各个传感器分别进行基于两个时间点延迟的高度数据的融合估计，通过结合历史数据的修正来消除每个传感器依据时间获取观测数据的不确定性，提升单传感器量测数据的精度和可靠性，将实时测量的高度数据进行第一步处理；第二子层将各个单传感器处理后的高度数据进行自适应加权融合估计，实现多传感器高度数据的空间融合。每个传感器所得到的同一时刻的估计值在完成了时间融合估计后，自适应确定最优加权系数，使该时刻获取的高度数据值的总均方差达到最小，从而实现最优估计。分两个阶段进行信息融合是为了采用更多的观测值集合 Z，实现二步延迟时空融合，从而得到更精确的高度数据。

1）第一子层二步延迟时间融合

设无人机测高过程中共有 d 个高度传感器，在某一时间间隔内，单个高度传感器获取 n 个量测数据，即 $Z_i(1)$，$Z_i(2)$，$\cdots$，$Z_i(n)$，其中 $i=1$, 2, $\cdots$, d，也就是说 $Z_i(k)$ 是第 i 个高度传感器在 k 时间点的高度数据量测值，即观测值 $Z=\{Z_i(k)\}$（$i=1$, 2, $\cdots$, d；$k=1$, 2, $\cdots$, n）。

首先进行第一阶段单个传感器二步延迟高度信息时间融合估计，假设第 i 个传感器获取数据时，高度真值为 X，前两个时间点获取的高度数据测量结果与式(9.7)相同，单个高度传感器在某一时间点测量之后，计算出真值 X 的均值和方差与式(9.8)相同。

通过二步延迟时间融合，推导出第 3 个时刻点测高的估计值和方差为

$$Z_i^+(3) = \frac{\delta_i^2(1)+\delta_i^2(2)}{2\left[\delta_i^2(1)+\delta_i^2(2)+\delta_i^2(3)\right]} Z_i(3)$$
$$+ \frac{\delta_i^2(1)+\delta_i^2(3)}{2\left[\delta_i^2(1)+\delta_i^2(2)+\delta_i^2(3)\right]} Z_i(2)$$
$$+ \frac{\delta_i^2(2)+\delta_i^2(3)}{2\left[\delta_i^2(1)+\delta_i^2(2)+\delta_i^2(3)\right]} Z_i(1) \tag{9.13}$$

$$P_i^+(3) = \frac{\delta_i^2(1)\delta_i^2(2)\delta_i^2(3)}{\delta_i^2(1)+\delta_i^2(2)+\delta_i^2(3)} \tag{9.14}$$

其次，分别采用前两个时间点的估计值和相应的方差作为历史数据，利用单传感器时间二步延迟融合算法，在计算过程中每一传感器同一次只采用一个高度测量数据，将某一个点估计值及其方差作为接下来两个时间点高度测量数据的统计特性参与计算。这样每次估计值的求取都会用到本次的测量数据和前两次的估计数据以及本次的方差和前两次的方差。以此类推可得 k 次测量后单一测高传感器融合估计值和方差为

$$Z_i^+(k) = \frac{P_i^+(k-1)+\delta_i^2(k)}{2\left[P_i^+(k-2)+P_i^+(k-1)+\delta_i^2(k)\right]} Z_i^+(k-2)$$
$$+ \frac{P_i^+(k-2)+\delta_i^2(k)}{2\left[P_i^+(k-2)+P_i^+(k-1)+\delta_i^2(k)\right]} Z_i^+(k-1)$$
$$+ \frac{P_i^+(k-1)+P_i^+(k-2)}{2\left[P_i^+(k-2)+P_i^+(k-1)+\delta_i^2(k)\right]} Z_i(k) \tag{9.15}$$

$$P_i^+(k) = \frac{P_i^+(k-2)P_i^+(k-1)\delta_i^2(k)}{P_i^+(k-2)+P_i^+(k-1)+\delta_i^2(k)} \tag{9.16}$$

单个高度传感器每次测量的方差 $\delta_i^2(k)$ 可以通过高度传感器的自协方差参数和互协方差参数的差算得。为了简便计算，这里设有任意两个不同传感器 p 和 q，其高度测量值分别为 $X_p(k)$ 和 $X_q(k)$。传感器 p 的自协方差为 R_{pp}，传感器 p 与传感器 q 的互协方差为 R_{pq}。通过时间域估计公式，可以得到

$$R_{pp}(k) = \frac{k-1}{k}R_{pp}(k-1) + \frac{1}{k}(X_p(k)-\mu) \times (X_p(k)-\mu) \tag{9.17}$$

$$R_{pq}(k) = \frac{k-1}{k}R_{pq}(k-1) + \frac{1}{k}(X_p(k)-\mu) \times (X_q(k)-\mu) \tag{9.18}$$

$$\delta_p^2(k) = R_{pp}(k) - R_{pq}(k) \tag{9.19}$$

其中，μ 为采样数据均值。

2）第二子层空间融合

通过式（9.15）和（9.16）可得 d 个传感器第 k 次测量估计值 $Z_1^+(k)$，$Z_2^+(k)$，…，$Z_d^+(k)$，方差 $P_1^+(k)$，$P_2^+(k)$，…，$P_d^+(k)$，以及加权系数 $W_1(k)$，$W_2(k)$，…，$W_d(k)$。利用图 9-3 中所示的空间融合方法，计算可得异类传感器空间最优融合结果 $Z^*(k)$ 为

$$Z^*(k) = \sum_{i=0}^{d} W_i(k)Z_i^+(k), \ \sum_{i=1}^{d} W_i(k) = 1 \tag{9.20}$$

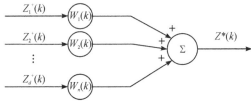

图 9-3　空间融合方法示意图

$Z_1^+(k)$，$Z_2^+(k)$，…，$Z_d^+(k)$ 相互独立，多传感器第 k 次测量时空融合的总均方误差为

$$\delta^2(k) = E[(X-Z^*(k))^2] = E\left[\left(X-\sum_{i=1}^{d}W_i(k)Z_i^+(k)\right)^2\right] = \sum_{i=1}^{d}W_i^2 P_i^+(k) \tag{9.21}$$

$\delta^2(k)$ 是二次函数，利用加权系数 $W_1(k)$，$W_2(k)$，…，$W_d(k)$ 满足约束条件的多元函数极值求取 $\delta^2(k)$ 的最小值。得到最优加权系数为

$$W_i(k) = \frac{1}{P_i^+(k)\sum_{j=1}^{d}\frac{1}{P_j^+(k)}}, \ i=1,2,\cdots,d \tag{9.22}$$

最终总的均方误差为

$$\delta_{\min}^2(k) = \cfrac{1}{\displaystyle\sum_{i=1}^{d} \cfrac{1}{P_i^+(k)}} \qquad (9.23)$$

由式(9.23)可见，进行多传感器自适应加权空间融合后获得的均方误差，比单一传感器采用二步延迟时间融合估计所获得的均方误差 $P_i^+(k)$ 更小，精度更高。基于空间最优融合估计算法，可以得到均方误差 δ'。

$$\delta'^2(k) = \cfrac{1}{\displaystyle\sum_{i=1}^{d} \cfrac{1}{(\delta_i^+)^2(k)}} \qquad (9.24)$$

则

$$\frac{\delta'^2(k)}{\delta_{\min}^2(k)} = \cfrac{\displaystyle\sum_{i=1}^{d} \cfrac{1}{P_i^+(k)}}{\displaystyle\sum_{i=1}^{d} \cfrac{1}{(\delta_i^+)^2(k)}} \qquad (9.25)$$

$\delta_i^+(k)$ 作为 $\delta_i(k)$ 的估计值，其值大于 $\delta_{\min}(k)$。因此，结合式(9.17)~式(9.25)，可以得到，$\delta_{\min}^2(k) < \delta'^2(k)$，即自适应加权两级融合算法均方误差相对于基于空间融合有一定的减小。也就是说，经过了自适应加权空间融合处理后，均方误差变小了，相对于基于单个传感器的时间融合或多传感器的空间数据融合，其数据精度都有所提升。

3) 基于二步延迟自适应时空融合算法的计算步骤

以两个传感器测量数据样本的融合估计为例，基于二步延迟自适应时空融合算法的计算步骤如下：

(1) 进行第一子层二步延迟时间融合，利用式(9.17)~式(9.19)进行计算，获取测高传感器采样时间点的 $R_{pp}(k)$、$R_{pq}(k)$、$R_{qq}(k)$ 和 $R_{qp}(k)$，通过计算可以得到测高采样时间点的 $\delta_p^2(k)$、$\delta_q^2(k)$。

(2) 分别将两个传感器的第一次测量值 $Z_p(1)$、$Z_q(1)$ 和方差 $\delta_p^2(1)$、$\delta_q^2(1)$ 作为系统初始参数，利用式(9.15)计算得出每个测高传感器采样时间点基于二步延迟的时间融合估计值 $Z_p^+(1)$、$Z_q^+(1)$ 和对应的融合方差 $P_p^+(k)$、$P_q^+(k)$。

(3) 进行第二子层空间融合，利用式(9.22)计算得到采样时间点各个测高传感器的最优加权系数 $W_p(k)$ 和 $W_q(k)$。

(4) 利用式(9.20)，获取基于二步延迟时空融合估计结果 $Z^*(k)$。

2. 第二层信息融合

在第二层信息融合过程中，设计了一种基于参数辨识的自适应互补滤波算法，其融合过程如图 9-4 所示。通过该算法进行第二层信息融合，实现加速度计的辅助测高，在长时间工作状态下，用 GPS 和气压计的时空融合值对加速度计的积分值进行缓慢的修正，抑制积分漂移现象。

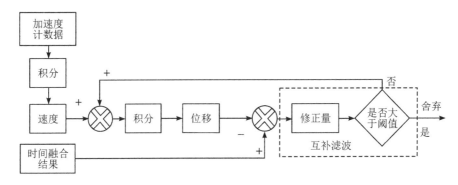

图 9-4　第二层信息融合过程

具体计算公式如下：

$$v = \int a \, \mathrm{d}t \qquad\qquad (9.26)$$

$$x = \int v \, \mathrm{d}t \qquad\qquad (9.27)$$

$$e = \frac{z - F}{T} \qquad\qquad (9.28)$$

$$F = \int (v + ke) \, \mathrm{d}t \qquad\qquad (9.29)$$

其中，v 是垂直速度，a 是垂直加速度，x 是垂直位移，z 是 GPS 和气压计时空融合的结果，T 是时间常数，e 是每次的修正量，k 是自适应系数（开关量，只取 0 和 1），F 是最终的融合结果。

融合过程中，T 是可调节的参数，当 T 大时，更多的信任加速度计积分，而当 T 小时，更多的信任时空融合的结果。k 的取值由修正量 e 决定，当 e 的绝对值大于所设阈值时，k 取 0，否则 k 取 1。融合过程实现了对参数 e 的辨识，这样就过滤了极端值。因为 x 在短时间内是精确的，如果 e 过大，则证明 z 的取值不正常，此时，不把错误的 e 加进积分中，使波形参照加速度计的积分波形，不会出现大的波动，这样就实现了互补滤波的自适应性。

 9.4　试验验证与结果

使用 F450 四旋翼无人机机架搭载 MS5611 气压计、M8N GPS 和 MPU6050 加速度计；

飞行控制器使用 Pixhawk 开源飞行控制器，搭载 STM32F427 核心处理芯片和 STM32F103 故障协同处理芯片。试验过程中各采集 150 组不同高度的数据进行分析。试验杆竖直固定在屋顶上，连接水平的金属杆，直接从天台伸出面向地面。无人机悬挂在杆下导轨上面，相对地面可以进行横向滑动，保证其相对于地面的准确高度始终不变，实测屋顶天台相对于地面的高度 h_1 为 238 m，无人机相对于屋顶天台的高度 h_2 为 2 m，如图 9-5 所示。

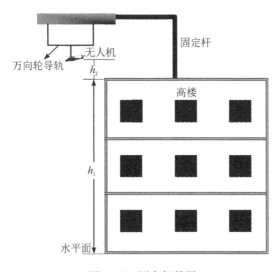

图 9-5　测高场景图

气压计和 GPS 测量曲线如图 9-6 和图 9-7 所示。可以看出，单一传感器的测量误差较大，围绕 240 m 上下波动。

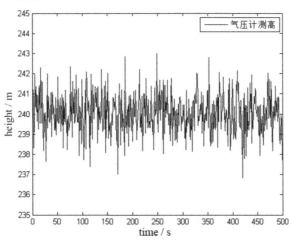

图 9-6　气压计测量曲线

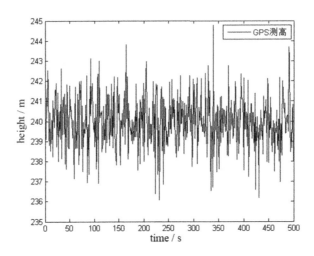

图 9-7　GPS 测量曲线

本试验采用三轴 MEMS 数字加速度计 MPU6050，先将其放置在水平桌面上，Z 轴朝下，对 X、Y 轴进行零位校准；然后绕 X 轴旋转 $90°$，对 Z 轴进行零位校准；校准之后，对所测得的数据进行卡尔曼滤波，得到静止状态下 Z 轴的数据为 Z_g（Z_g 表示静止条件下重力加速度 g 对应的数据，为负数）。在进行实验时，将实时获取的加速度计 Z 轴数据与 Z_g 作差，得到无人机垂向加速度。加速度计的加速度测量数据、速度估计数据和测量高度估计数据分别如图 9-8、图 9-9 和图 9-10 所示。

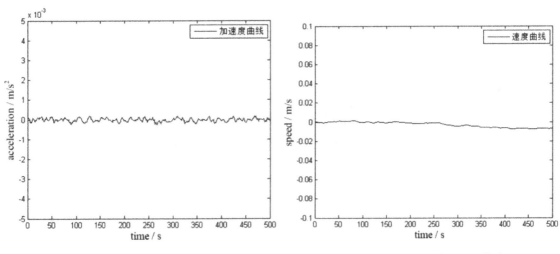

图 9-8　加速度计的加速度测量　　　　　　　图 9-9　加速度计的速度估计

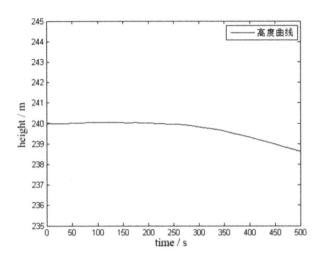

图 9 - 10　加速度计的测量高度估计

可以看出，误差相对比较小，但稳定性不够，工作时间过长会产生积分漂移，需要使用其他传感器测高数据进行修正，因此可以用作辅助测高的数据。

图 9 - 11 和图 9 - 12 分别为气压计一步延迟时间融合误差曲线和气压计二步延迟时间融合误差曲线。结合表 9 - 1（表 9 - 1 的数据更直观）可以看出，二步延迟时间融合算法可以进一步减小均方误差，这是计算过程中采用更多的历史数据计算的原因。同时，对于测高刚开始阶段的最大误差也有明显改善。

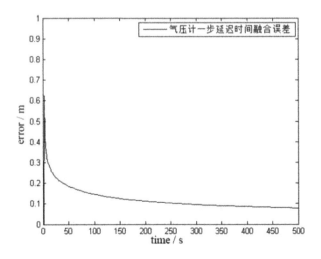

图 9 - 11　气压计一步延迟时间融合误差曲线

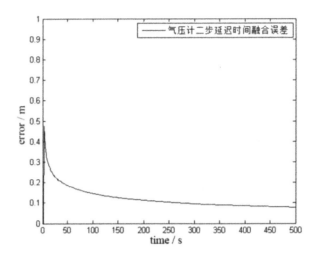

图 9-12　气压计二步延迟时间融合误差曲线

图 9-13 为多层融合误差曲线,结合表 9-1 可知,在进行多层融合之后,相比于一步延迟时空融合方法,高度测量的精度得到了大幅度的提升。

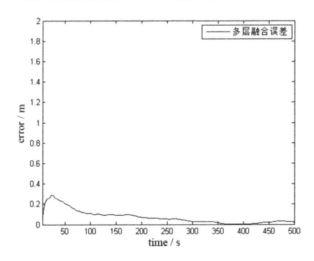

图 9-13　多层融合误差曲线

表 9 - 1　试验结果评价指标

评价指标	融合算法			
	一步延迟 时间融合	二步延迟 时间融合	二步延迟 时空融合	多层融合
均方误差/m	0.1758	0.1748	0.1151	0.0992
最大误差/m	0.6229	0.4760	0.3424	0.2893

本 章 小 结

　　本章主要对无人机多传感器信息融合进行介绍，建立气压计、GPS 和加速度计等多传感器测高模型，经过两层信息融合技术（包含基于二步延迟自适应时空融合和基于参数辨识的自适应互补滤波），克服现有技术存在的缺陷，并结合无人机测高过程中数据量不大的特点，实现了多步时间和空间双重融合模型，保证飞行和任务执行的稳定性。

习　　题

1. 请写出多传感器的测高模型。
2. 尝试画出多层多源无人机信息融合系统的总体框图。
3. GPS 和气压计单独测高时的主要缺点有哪些？
4. 请画出第一层信息融合和第二层信息融合的系统融合框图。
5. 加速度计测高过程相比于 GPS 和气压计测高有哪些优势？
6. 以两个传感器测量数据样本的融合估计为例，写出二步延迟时空融合的计算过程。

参 考 文 献

[1]　房余龙. 无人机技术与应用[M]. 苏州：苏州大学出版社，2021.

[2]　SEBBANE B Y. Multi-UAV planning and task allocation[M]. Florida：CRC Press，2020.

[3]　黄奕，陈璟汝，徐琳. 基于 PID 的四旋翼飞行器控制系统研究[J]. 现代信息科技，2023，7(09)：78 - 81.

[4]　张立. 基于串级 PID 控制算法的四旋翼无人机控制系统设计[J]. 信息技术与信息化，2023(01)：100 - 103.

[5]　朱伟. 基于滑模控制算法和模糊逻辑的四旋翼飞行器控制器设计[J]. 机械设计与制造工程，2022，51(11)：66 - 70.

[6]　周辉，李秀娟，张济森，等. 基于线性自抗扰的四旋翼姿态控制研究[J]. 机械制造与自动化，2022，51(03)：168 - 172.

[7]　关成立，杨岳. 四旋翼飞行器控制系统设计策略研究[J]. 现代计算机，2022，28(17)：65 - 68.

[8]　王晓银，张旭，李稼祥，等. 四旋翼无人机控制系统设计[J]. 微型电脑应用，2022，38(01)：20 - 22.

[9]　袁源. 基于模型的四旋翼无人机半实物仿真平台研究[J]. 计算机测量与控制，2021，29(01)：174 - 178.

[10]　ALANEZI M A，HARUNA Z，ABAN Y S. et al. Obstacle avoidance-based autonomous navigation of a quadrotor system[J]. Drones，2022，6(10)：288.

[11]　XIE Y C，LI Y Z，WEI D. Behavior prediction based trust evaluation for adaptive consensus of quadrotors[J]. Drones，2022，6(12)：371.

[12]　张润梅，罗谷安，袁彬，等. 多关节机械臂干扰观测器的自适应滑模控制[J]. 机械科学与技术，2021，40(10)：1595 - 1602.

[13]　郭妍，吴美平，唐康华，等. 基于积分反步法的四旋翼飞行器控制设计[J]. 智能科学与技术学报，2019，1(02)：133 - 139.

[14]　朱佳莹，高茂庭. 融合粒子群与改进蚁群算法的 AUV 路径规划算法[J]. 计算机工程与应用，2021，57(06)：267 - 273.

[15]　刘永利，朱亚孟，晁浩. 多策略 MRFO 算法的卷积神经网络超参数优化[J]. 北京邮电大学学报，2021，44(06)：83 - 88，95.

[16]　黄鹤，吴琨，王会峰，等. 基于改进飞蛾扑火算法的无人机低空突防路径规划[J]. 中国惯性技术学报，2021，29(02)：256 - 263.

［17］　MARYAM M，MAHDI K. Variable pitch control of a quadrotor using adaptive sliding mode controller［J］. Aircraft Engineering and Aerospace Technology，2023，95(2)：246-264.

［18］　ZHAO K，SONG J，HU Y L，et al. Deep deterministic policy gradient-based active disturbance rejection controller for quadrotor UAVs［J］. Mathematics，2022，10(15)：2686.

［19］　张汝波，李建军，杨玉. 基于改进蚁群算法的 AUV 航路避障任务规划［J］. 华中科技大学学报：自然科学版，2015，43(S1)：428-430.

［20］　朱蟋蟋，孙兵，朱大奇. 基于改进 D* 算法的 AUV 三维动态路径规划［J］. 控制工程，2021，28(04)：736-743.

［21］　高小鹏. 基于高精度 MEMS 惯性器件的多传感器融合定位系统的设计与研究［J］. 物联网技术，2021，11(7)：99-103.

［22］　马旭，程咏梅，郝帅. 面向无人机高度融合估计的自适应 S 滤波方法［J］. 中国惯性技术学报，2013，21(5)：604-608.

［23］　秦武韬，陆小科，高悠然. 基于多传感器信息的无人机容错定位方法. 中国电子科学研究院学报［J］，2021，16(6)：533-538.

［24］　黄鹤，谢飞宇，王会峰，等. 多源多层的融合自适应加权积分旋翼无人机测高算法［J］. 复旦学报：自然科学版，2022，61(04)：452-459.

［25］　黄鹤，谢飞宇，王珺，等. 基于自适应高斯-牛顿迭代三步延迟时空融合的无人机测高［J］. 南京大学学报：自然科学，2022，58(04)：689-698.